轨道交通装备制造业职业技能鉴定指导丛书

橡胶炼胶工

中国中车股份有限公司　编写

中国铁道出版社

2016年·北京

图书在版编目(CIP)数据

橡胶炼胶工/中国中车股份有限公司编写. —北京：
中国铁道出版社,2016.1
(轨道交通装备制造业职业技能鉴定指导丛书)
ISBN 978-7-113-21121-9

Ⅰ.①橡…　Ⅱ.①中…　Ⅲ.①橡胶加工—职业技能—
鉴定—自学参考资料　Ⅳ.①TQ330.5

中国版本图书馆 CIP 数据核字(2015)第 277845 号

轨道交通装备制造业职业技能鉴定指导丛书
书　　名：**橡胶炼胶工**

作　者：中国中车股份有限公司

策　　划：江新锡　钱士明　徐　艳
责任编辑：陶赛赛　　　　　　　编辑部电话：010-51873065
编辑助理：黎　琳
封面设计：郑春鹏
责任校对：马　丽
责任印制：陆　宁　高春晓

出版发行：中国铁道出版社(100054,北京市西城区右安门西街 8 号)
网　　址：http://www.tdpress.com
印　　刷：北京华正印刷有限公司
版　　次：2016 年 1 月第 1 版　2016 年 1 月第 1 次印刷
开　　本：787 mm×1 092 mm　1/16　印张：11.5　字数：275 千
书　　号：ISBN 978-7-113-21121-9
定　　价：36.00 元

序

在党中央、国务院的正确决策和大力支持下,中国高铁事业迅猛发展。中国已成为全球高铁技术最全、集成能力最强、运营里程最长、运行速度最高的国家。高铁已成为中国外交的金牌名片,成为高端装备"走出去"的大国重器。

中国中车作为高铁事业的积极参与者和主要推动者,在大力推动产品、技术创新的同时,始终站在人才队伍建设的重要战略高度,把高技能人才作为创新资源的重要组成部分,不断加大培养力度。广大技术工人立足本职岗位,用自己的聪明才智,为中国高铁事业的创新、发展做出了杰出贡献,被李克强同志亲切地赞誉为"中国第一代高铁工人"。如今在这支近 9.2 万人的队伍中,持证率已超过96%,高技能人才占比已超过 59%,有 6 人荣获"中华技能大奖",有 50 人荣获国务院"政府特殊津贴",有 90 人荣获"全国技术能手"称号。

高技能人才队伍的发展,得益于国家的政策环境,得益于企业的发展,也得益于扎实的基础工作。自 2002 年起,中国中车作为国家首批职业技能鉴定试点企业,积极开展工作,编制鉴定教材,在构建企业技能人才评价体系、推动企业高技能人才队伍建设方面取得明显成效。

中国中车承载着振兴国家高端装备制造业的重大使命,承载着中国高铁走向世界的光荣梦想,承载着中国轨道交通装备行业的百年积淀。为适应中国高端装备制造技术的加速发展,推进国家职业技能鉴定工作的不断深入,中国中车组织修订、开发了覆盖所有职业(工种)的新教材。在这次教材修订、开发中,编者基于对多年鉴定工作规律的认识,提出了"核心技能要素"等概念,创造性地开发了《职业技能鉴定技能操作考核框架》。试用表明,该《框架》作为技能人才综合素质评价的新标尺,填补了以往鉴定实操考试中缺乏命题水平评估标准的空白,很好地统一了不同鉴定机构的鉴定标准,大大提高了职业技能鉴定的公平性和公信力,具有广泛的适用性。

　　相信《轨道交通装备制造业职业技能鉴定指导丛书》的出版发行,对于推动高技能人才队伍的建设,对于企业贯彻落实国家创新驱动发展战略,成为"中国制造2025"的积极参与者、大力推动者和创新排头兵,对于构建由我国主导的全球轨道交通装备产业新格局,必将发挥积极的作用。

中国中车股份有限公司总裁:

二〇一五年十二月二十八日

前　言

　　鉴定教材是职业技能鉴定工作的重要基础。2002 年,经原劳动保障部批准,原中国南车和中国北车成为国家职业技能鉴定首批试点中央企业,开始全面开展职业技能鉴定工作。2003 年,根据《国家职业标准》要求,并结合自身实际,我们组织开发了《职业技能鉴定指导丛书》,共涉及车工等 52 个职业(工种)的初、中、高 3 个等级。多年来,这些教材为不断提升技能人才素质、满足企业转型升级的需要发挥了重要作用。

　　随着企业的快速发展和国家职业技能鉴定工作的不断深入,特别是以高速动车组为代表的世界一流产品制造技术的快步发展,现有的职业技能鉴定教材在内容、标准等诸多方面,已明显不适应企业构建新型技能人才评价体系的要求。为此,公司决定修订、开发《轨道交通装备制造业职业技能鉴定指导丛书》。

　　本《丛书》的修订、开发,始终围绕打造世界一流企业的目标,努力遵循"执行国家标准与体现企业实际需要相结合、继承和发展相结合、质量第一、岗位个性服从于职业共性"四项工作原则,以提高中国中车技术工人队伍整体素质为目的,以主要和关键技术职业为重点,依据《国家职业标准》对知识、技能的各项要求,力求通过自主开发、借鉴吸收、创新发展,进一步推动企业职业技能鉴定教材建设,确保职业技能鉴定工作更好地满足企业发展对高技能人才队伍建设工作的迫切需要。

　　本《丛书》修订、开发中,认真总结和梳理了过去 12 年企业鉴定工作的经验以及对鉴定工作规律的认识,本着"紧密结合企业工作实际,完整贯彻落实《国家职业标准》,切实提高职业技能鉴定工作质量"的基本理念,以"核心技能要素"为切入点,探索、开发出了中国中车《职业技能鉴定技能操作考核框架》;对于暂无《国家职业标准》、又无相关行业职业标准的 38 个职业,按照国家有关《技术规程》开发了《中国中车职业标准》。自 2014 年以来近两年的试用表明:该《框架》既完整反映了《国家职业标准》对理论和技能两方面的要求,又适应了企业生产和技术工人队伍建设的需要,突破了以往技能鉴定实作考核缺乏水平评估标准的"瓶颈",统一了不同产品、不同技术含量企业的鉴定标准,提高了鉴定考核的技术含量,提高了职业技能鉴定工作质量和管理水平,保证了职业技能鉴定的公平性和公信力,已经成为职业技能鉴定工作、进而成为生产操作者综合技术素质评价的新标尺。

　　本《丛书》共涉及 99 个职业(工种),覆盖了中国中车开展职业技能鉴定的绝大部分职业(工种)。《丛书》中每一职业(工种)又分为初、中、高 3 个技能等级,并按职业技能鉴定理论、技能考试的内容和形式编写。其中:理论知识部分包括知识要求练习题与答案;技能操作部分包括《技能考核框架》和《样题与分析》。本《丛书》按职业(工种)分册,已按计划出版了第一批 75 个职业(工种)。本次计划出版第二批 24 个职业(工种)。

　　本《丛书》在修订、开发中,仍侧重于相关理论知识和技能要求的应知应会,若要更全面、系统地掌握《国家职业标准》规定的理论与技能要求,还可参考其他相关教材。

　　本《丛书》在修订、开发中得到了所属企业各级领导、技术专家、技能专家和培训、鉴定工作人员的大力支持;人力资源和社会保障部职业能力建设司和职业技能鉴定中心、中国铁道出版社等有关部门也给予了热情关怀和帮助,我们在此一并表示衷心感谢。

　　本《丛书》之《橡胶炼胶工》由原青岛四方车辆研究所有限公司《橡胶炼胶工》项目组编写。主编马宗斌;主审孔军,副主审宋爱武、刘兴臣;参编人员宋红光、王付胜。

　　由于时间及水平所限,本《丛书》难免有错、漏之处,敬请读者批评指正。

中国中车职业技能鉴定教材修订、开发编审委员会

二〇一五年十二月三十日

目　录

橡胶炼胶工(职业道德)习题

一、填空题

1. 职业道德是从事一定职业的人,在( )过程中,所遵循的与其职业活动紧密联系的道德原则和规范的总和。

2. 职业理想是指人们对未来工作部门和( )的向往和对现行职业发展将达到什么水平、程度的憧憬。

3. 职业荣誉是热爱职业、关心职业名誉的表现,是以从事此职业为荣的( )。

4. 职业责任是指人们在一定( )活动中所承担的特定职责。

5. 职业技能是人们进行职业活动、履行( )的能力和手段。

6. 爱岗敬业是现代企业( )。

7. 诚实守信主要是( )关系的准则和行为。

8. 办事公道就是按照一定的( )实事求是待人处事。

9. 职业道德具有( )的性质。

10. 社会主义职业道德所提倡的职业理想的核心是( )。

11. 树立正确的人生观和( )是树立职业尊严的前提和保证。

12. 良好的道德风气有助于遵纪守法,这是因为道德和法律之间有( )的关系。

13. 职业道德的"五个要求",既包含基础性的要求,也有较高的要求,其中,最基本的要求是( )。

14. 职业道德行为的特点之一是对他人和社会影响( )。

15. 职业道德行为评价的根本标准是( )。

16. 中国中车的英文缩写是( ),与国际惯例一致,利于品牌在国际市场上的传播推广。

17. 中国中车使命是接轨世界,( )。

18. 中国中车的愿景是成为( )装备行业世界级企业。

二、单项选择题

1. 职业责任是指人们在一定( )活动中所承担的特定职责。
(A)职业　　　　　　(B)社会　　　　　　(C)工作　　　　　　(D)人际关系

2. 职业( )建设与企业发展的关系是至关重要。
(A)规划　　　　　　(B)法律　　　　　　(C)道德　　　　　　(D)蓝图

3. 职业道德不体现( )。
(A)从业者对所从事职业的态度　　　　(B)从业者的工资收入
(C)从业者的价值观　　　　　　　　　(D)从业者的道德观

4. 尊师爱徒是传统师徒关系的准则,在现实条件下,正确的选择是(　　)。

(A)徒弟尊重师傅,师傅不必尊重徒弟　　(B)徒弟尊重师傅,师傅也尊重徒弟
(C)徒弟不必尊重师傅,师傅也不必尊重徒弟　(D)用"哥们"关系取代师徒关系

5. 职业道德建设与企业发展的关系是(　　)。

(A)没有关系　　(B)可有可无　　(C)至关重要　　(D)作用不大

6. 社会主义道德的基本要求是(　　)。

(A)社会公德、职业道德、家庭美德

(B)爱国主义、集体主义和社会主义

(C)爱祖国、爱人民、爱劳动、爱科学、爱社会主义

(D)有理想、有道德、有文化、有纪律

7. 职业荣誉的特点是(　　)。

(A)多样性、层次性和鼓舞性　　(B)集体性、阶层性和竞争性
(C)互动性、阶级性和奖励性　　(D)阶级性、激励性和多样性

8. "人无信不立"这句话在个人的职业发展中是指(　　)。

(A)坚守诚信是获得成功的关键　　(B)要求统治者要"仁民爱物"
(C)无论为人还是做事都要"执事敬"　(D)人无论做什么都要尽最大的努力

9. 下列选项中,(　　)是指从业人员在职业活动中,为了履行职业道德义务,克服障碍,坚持或改变职业道德行为的一种精神力量。

(A)职业道德情感　　(B)职业道德意志

(C)职业道德理想　　(D)职业道德认知

10. 职业道德行为修养的内容包括(　　)。

(A)职业道德含义　　(B)职业道德批评

(C)职业道德规范　　(D)职业道德评价

11. 职业道德行为评价的根本标准是(　　)。

(A)好与坏　　(B)公与私　　(C)善与恶　　(D)真与伪

12. 下列关于职业道德的说法中,正确的是(　　)。

(A)职业道德与人格高低无关

(B)职业道德的养成只能靠社会强制规定

(C)职业道德从一个侧面反映人的道德素质

(D)职业道德素质的提高与从业人员的个人利益无关

13. 属于职业道德特征的内容是(　　)。

(A)具有很强的操作性　　(B)具有很强的实践性
(C)具有很强的立法性　　(D)具有很强的监督性

14. 在无人监督的情况下,仍能坚持道德观念去做事的行为被称之为(　　)。

(A)勤奋　　(B)审慎　　(C)自立　　(D)慎独

15. 职业道德修养最有生命力、最重要的内容是(　　)。

(A)职业道德自育　　(B)职业道德品质
(C)职业道德规范　　(D)职业道德知识

三、多项选择题

1. 职业道德体现在(　　)。
(A)从业者对所从事职业的态度　　　　(B)从业者的工资收入
(C)从业者的价值观　　　　(D)从业者的道德观

2. 职业道德行为修养过程中包括(　　)。
(A)自我学习　　　　(B)自我教育　　　　(C)自我满足　　　　(D)自我反省

3. 职业纪律具有的特点是(　　)。
(A)各行各业的职业纪律其基本要求具有一致性
(B)各行各业的职业纪律具有特殊性
(C)具有一定的强制性
(D)职业纪律不需要自我约束

4. 加强职业道德修养的途径正确的表述是(　　)。
(A)慎独
(B)只需参加职业道德理论的学习和考试过关即可
(C)学习先进人物的优秀品质
(D)积极参加职业道德的社会实践

5. 社会主义职业道德的着力点是(　　)。
(A)社会公德　　　　(B)职业道德　　　　(C)家庭美德　　　　(D)民族精神

6. 职业道德行为基本规范的内容有(　　)。
(A)爱岗敬业,忠于职守　　　　(B)诚实守信,宽厚待人
(C)办事公道,服务群众　　　　(D)以身作则,奉献社会

7. 作为职业道德基本原则的集体主义,有着深刻的内涵,下列关于集体主义内涵的说法,正确的是(　　)。
(A)坚持集体利益和个人利益的统一
(B)坚持维护集体利益的原则
(C)集体利益要通过对个人利益的满足来实现
(D)坚持集体主义原则,就是要坚决反对个人利益

8. 职业道德的社会作用有(　　)。
(A)有利于处理好邻居关系　　　　(B)规范社会秩序和劳动者职业行为
(C)促进企业文化建设　　　　(D)提高党和政府的执政能力

9. 职业道德行为评价的类型有(　　)。
(A)社会评价　　　　(B)上级评价　　　　(C)集体评价　　　　(D)自我评价

10. 学习职业道德的方法有(　　)。
(A)业余自学与集中面授相结合　　　　(B)理论学习与联系实际相结合
(C)个人修养与学习榜样相结合　　　　(D)背诵条款与指导他人相结合

11. 中国中车核心价值观是(　　)。
(A)诚信为本　　　　(B)创新为魂　　　　(C)崇尚行动　　　　(D)勇于进取

12. 中国中车团队建设目标是(　　)。

(A)实力　　　　　　(B)活力　　　　　　(C)生产力　　　　　　(D)凝聚力

四、判 断 题

1. 道德调节是一种外在的强制力,即政法机关施以惩罚。(　　)

2. 职业道德是调整统一职业内部人们之间的关系和调整职业人员同社会各方面尤其是同服务对象之间的关系。(　　)

3. 忠于职守就是要求把自己职业范围内的工作做好。(　　)

4. 职业道德体现了从业者的工资收入。(　　)

5. 学习职业道德对于行风建设作用不大。(　　)

6. 学习职业道德虽然要知行统一,但重点应放在"知"上。(　　)

7. 加强职业道德建设是企业发展先进文化的重要内容。(　　)

8. 职业道德建设是精神文明建设的重要内容。(　　)

9. 以身作则、奉献社会是职业道德行为规范对从业人员最高的要求。(　　)

10. 职业道德就是各项管理制度。(　　)

11. 职业道德修养是一个连续不断、循环往复、逐渐攀升的过程。(　　)

12. 职业道德建设是精神文明建设的重要内容。(　　)

13. 精通业务与职业道德无关。(　　)

14. "慎独"就是在无人监督的情况下,也要坚持自己的内心真诚、光明磊落的道德信念,不做不道德的事。(　　)

15. 职业道德与法律都体现和代表着人民群众的利益与意志。(　　)

16. 诚实守信是中国中车生存发展的根本,是全体中车人做人做事的根本准则。(　　)

橡胶炼胶工(职业道德)答案

一、填 空 题

1. 工作和劳动　　　2. 工作种类　　　3. 道德情感　　　4. 职业
5. 职业责任　　　6. 精神　　　7. 人际交往　　　8. 社会标准
9. 社会公德　　　10. 为人民服务　　　11. 价值观　　　12. 相互作用
13. 爱岗敬业　　　14. 重大　　　15. 善与恶　　　16. CRRC
17. 牵引未来　　　18. 轨道交通

二、单项选择题

1. A　　2. C　　3. B　　4. B　　5. C　　6. C　　7. D　　8. A　　9. B
10. C　　11. C　　12. C　　13. B　　14. D　　15. A

三、多项选择题

1. ACD　　2. ABD　　3. ABC　　4. ACD　　5. ABC　　6. ABCD　　7. AB
8. BCD　　9. ACD　　10. ABC　　11. ABCD　　12. ABD

四、判 断 题

1. ×　　2. ×　　3. √　　4. ×　　5. ×　　6. ×　　7. √　　8. √　　9. √
10. ×　　11. √　　12. √　　13. ×　　14. √　　15. √　　16. √

橡胶炼胶工(初级工)习题

一、填空题

1. 常温下的( )是橡胶材料的独有特征。

2. 橡胶按照其来源可分为( )和合成橡胶这两大类。

3. 合成橡胶分为( )合成橡胶和特种合成橡胶。

4. 配方是指生胶与( )按一定比例的一种组合。

5. 要使生胶转变为具有特定性能、特定形状的橡胶制品,要经过一系列的复杂加工过程,这个过程包括橡胶的( )及加工。

6. 生胶,即尚未被交联的橡胶,由线形大分子或者带支链的线形大分子构成,随着温度的变化它有三态,即玻璃态、( )及黏流态。

7. 不论做什么样的橡胶制品,均需要经过( )和硫化两个加工过程。

8. 1839 年,美国人( )在一个偶然的机会发现了橡胶硫化法,使橡胶成为有使用价值的材料。

9. 1862 年,( )发明了双辊机,使橡胶的加工改性成为可能。

10. 1888 年,英国人( )发明了充气轮胎。

11. 橡胶是一种( )和大形变的高分子材料。

12. 标准胶马来西亚包装重 33.3 kg,我国规定是( )kg。

13. 天然橡胶的分级方法:按照( )分级,如烟片胶和皱片胶;另一种是按照理化指标分级,颗粒胶就是按照这个方法分类的。

14. 硫化是指橡胶的线形大分子链通过( )构成三维网状结构的化学变化过程。

15. 天然橡胶是一种( )橡胶,即不需要加补强剂自身就有较高的强度。

16. 塑性保持率是指生胶在( )加热前后华莱士可塑度的比值。

17. 塑性保持率数值越高表明该生胶( )断链的能力越强。

18. 天然橡胶是( )橡胶,按照溶解度参数相近相溶原则,它溶于非极性溶剂和非极性油中。

19. 橡胶配方中能够使橡胶由线形变成网状,可提高胶料的强度、稳定产品尺寸和形状的是( )体系。

20. 橡胶配方中能够提高橡胶的化学性能,改善加工工艺性能,增大体积,降低成本的是( )体系。

21. 橡胶配方中能通过化学、物理作用,延长制品寿命的是( )体系。

22. 橡胶配方中能够增大胶料流动性,降低胶料黏度,改善加工性能,降低成本的是( )体系。

23. 开炼机炼胶中天然橡胶易包( )辊。

24. 开炼机炼胶中丁苯橡胶易包（　　　）辊。

25. 对于天然橡胶,最适宜的硫化温度是（　　　）℃,一般不高于 160 ℃。

26. 丁苯橡胶按聚合方法分类,可分为（　　　）聚合和溶液聚合两种。

27. 混炼胶在加工或停放过程中产生的一种早期硫化现象叫（　　　）。

28. 一个完整的硫化体系包括（　　　）、促进剂和活化剂三部分。

29. 硫黄硫化体系中常用的活化剂有（　　　）和硬脂酸。

30. 橡胶工业用的主要补强剂是（　　　）和白炭黑。

31. 橡胶工业习惯把具有补强作用的炭黑等称为补强剂,把基本无（　　　）的无机填料称为填充剂。

32. 橡胶工业上把补强剂和填充剂统称为（　　　）。

33. 炭黑的（　　　）是炭黑的基本结构单元。

34. 橡胶防护的方法概括为（　　　）方法和化学防护方法。

35. 常用的炭黑有高耐磨炉黑、中超耐磨炉黑、快压出炉黑、通用炉黑和（　　　）。

36. 填料的粒径指（　　　）的直径,它是粉体最重要的性质之一,对填充的聚合物性能有决定性的影响。

37. 填料形态指一次结构的形状和（　　　）,这是填料的一个重要性质。

38. 填料的（　　　）、结构、表面性质对于混炼过程和混炼胶性质均有影响。

39. 在影响老化的物理因素中,（　　　）是最基本的而且是最重要的因素。

40. 橡胶在老化过程中分子结构可发生（　　　）、分子链之间产生交联、主链或者侧链改变的变化。

41. 天然橡胶等含有异戊二烯单元的橡胶在热氧老化过程中分子结构都是以分子链（　　　）为主。

42. 顺丁橡胶等含有丁二烯的橡胶在热氧老化过程中分子结构都是以分子链之间产生（　　　）为主。

43. 一个完整的橡胶配方基本由以下五大体系组成:生胶、（　　　）、补强与填充体系、防护体系和增塑体系。

44. 氯丁橡胶储存稳定性不佳,随储存时间的延长,其门尼黏度增大、（　　　）缩短。

45. 温度、（　　　）和压力是硫化反应的主要因素,它们对硫化质量有决定性的影响,通常称为硫化"三要素"。

46. 温度对橡胶的黏度影响很大,温度增加,黏度（　　　）。

47. 一般填料粒径越细、结构度越高、填充量越大、表面活性越高,则混炼胶黏度越（　　　）。

48. 硫化是橡胶工业生产加工的最后一个工艺过程。在这过程中,橡胶发生了一系列的（　　　）反应,使之变为立体网状的橡胶。

49. 通用橡胶中弹性最好的橡胶是（　　　）。

50. 理想的硫化曲线应满足:（　　　）、热硫化期尽可能短、平坦期尽可能长。

51. 在混炼条件下的橡胶并非处于流动状态,而是（　　　）状态。

52. 生胶的加工包括洗胶、烘胶、切胶、破胶、（　　　）五个工序。

53. 混炼的方法一般可分为（　　　）混炼、开炼机混炼和连续混炼。

54. 门尼黏度是指未硫化胶在一定（　　）、压力和时间内的抗剪切能力,反映胶料的可塑度和流动性。

55. 顺丁橡胶生胶或未硫化胶停放时会因自重发生流动的现象叫（　　）。

56. 胶料的体积几乎是不可压缩的,故可以认为压延后的胶料体积保持不变,因此,压延后胶料断面厚度的增加必然会出现断面宽度和胶片长度的（　　）。

57. 影响橡胶黏度的最重要因素:分子量、温度和（　　）。

58. 粒径在（　　）nm 以内的炭黑属于硬质炭黑,它是补强性高的炭黑。

59. 混炼过程主要是各种配合剂在（　　）中的混合和分散的过程。

60. 生胶或混炼胶的（　　）,可表征半成品在硫化之前的成型性能,它影响生产效率和成品质量。

61. 密炼机密封装置的作用是避免填料飞扬,防止（　　）。

62. 开炼机混炼过程包括翻炼、（　　）、吃粉。

63. 开炼机塑炼是借助辊筒的挤压力、（　　）和撕拉作用,使分子链被扯断,获得可塑度。

64. 塑炼会造成橡胶分子量（　　）。

65. 混炼温度过高、过早的加入硫化剂且混炼时间过长等因素会造成胶料（　　）。

66. 开炼机混炼时,两个辊筒以一定的（　　）相对回转。

67. 对于大部分橡胶胶料,硫化温度每增加 10 ℃,硫化时间缩短（　　）。

68. 密炼机混炼具有装胶容量大、混炼时间短、生产效率高、（　　）、粉尘飞扬小、操作安全六大优点。

69. 原材料的准备应满足工艺要求,严格执行“（　　）、不错、不漏”的原则。

70. 天然橡胶切胶时胶块一般为（　　）kg。

71. 开炼机塑炼切胶时胶块最好呈（　　）,以便破胶时能顺利进入辊缝。

72. 塑炼效果好,塑炼胶均匀度高,生产效率低的塑炼方法是（　　）塑炼法。

73. 塑炼工艺分为机械塑炼法和（　　）塑炼法两类。

74. 将各种配合剂加入到具有一定塑性的生胶中制成质量均匀的混炼胶的过程是（　　）。

75. 提高配合剂在胶料中的（　　）,是确保胶料质量均匀和制品性能优异的关键因素。

76. 混炼过程是通过（　　）阶段和分散阶段两个阶段完成的。

77. 促进剂按 pH 值可分为（　　）、中性和碱性三类。

78. 在混炼过程中一般来说,配合剂较少并且难以（　　）的先加。

79. 密炼机混炼的三个阶段是润湿、分散和（　　）。

80. 混炼胶的（　　）是控制和提高混炼胶料质量的手段。

81. 由于配合剂从胶料中喷出,在胶料表面形成的一层类似白霜的现象叫（　　）。

82. 开炼机化学塑解剂塑炼法的温度应控制在（　　）℃。

83. 开炼机包辊塑炼法的辊距为（　　）mm。

84. 开炼机薄通塑炼法的辊距为（　　）mm。

85. 在开炼混炼中,胶片厚度约（　　）处的紧贴前辊筒表面的胶层,称为“死层”。

86. 在混炼过程中,产生浓度很高的炭黑—橡胶团块的阶段是（　　）阶段。

87. 连续混炼不能普及的原因是（　　）系统相当复杂。

88. 天然橡胶密炼机塑炼时的排胶温度一般控制在（　　）℃。

89. 丁苯橡胶密炼机塑炼的排胶温度不应超过（　　）℃，以免温度过高会产生交联或者支化。

90. 密炼机二段混炼法中，一段母胶停放（　　）h 后再进行二段密炼。

91. 开炼机混炼下片后，胶片温度冷却到（　　）℃以下，方可叠层堆放。

92. GB/T 528—2009 中Ⅰ型哑铃状试样在测拉伸性能时，夹持器的拉伸速度为（　　）mm/min。

93. GB/T 528—2009 中Ⅰ型哑铃状试样工作部分的厚度为（　　）mm。

94. GB/T 531.1—2008 中使用邵氏 A 型硬度计测定橡胶试样硬度时，试样的厚度至少（　　）mm。

95. GB/T 531.1—2008 中使用邵氏 A 型硬度计测定橡胶试样硬度时，弹簧试验力保持时间为（　　）s。

96. GB/T 531.1—2008 中，若试样的厚度不够可叠加，叠加不多于（　　）层。

97. GB/T531.1—2008 中使用邵氏 A 型硬度计测定橡胶试样硬度时，在试样表面不同位置进行 5 次测量取中值，不同测量位置两两相距至少（　　）mm。

98. GB/T 2941—2006 标准中规定，对所有试验，硫化与试验之间的最短时间间隔为（　　）h。

99. 典型硫化曲线上 M_H——最大转矩值，反映硫化胶的（　　）。

100. 撕裂强度试验撕裂扩展的方向，裤形试样应（　　）于试样的长度。

101. 撕裂强度实验中无割口直角形和新月形试样应与试样的长度方向（　　）。

102. 切胶机的类型有（　　）和多刀、立式和卧式之分。

103. 开炼机的（　　）装置可以调整炼胶时胶片的宽度，同时可以防止胶料进入辊筒与轴承的缝隙中。

104. 单刀液压切胶机的检修周期是小修不定期，中修（　　）年，大修 3 年。

105. 衡器是用于衡量各种物体（　　）的计量器具或设备。

106. 开炼机规格用辊筒工作部分的（　　）和长度来表示。

107. 开炼机调距装置的结构形式分为（　　）、电动和液压传动三种。

108. 为保证仪器量值的准确可靠性，必须定期对仪器仪表进行（　　）。

109. 密炼机的规格一般以混炼室工作容积和（　　）的转数来表示的。

110. 密炼机椭圆转子按其螺旋突棱的数目不同，可分为双棱转子和（　　）转子。

111. 密炼机转子的（　　）方式可分为喷淋式和螺旋夹套式两种。

112. 密炼机混炼室的冷却方式有喷淋式、水浸式、夹套式和（　　）四种。

113. 密炼机的混炼室是（　　）的，物料的损失比开炼机少得多，对工作环境的污染也大为减少。

114. 密炼机排料装置的结构形式有滑动式和（　　）两种。

115. 橡胶是热的（　　）导体，它的表面与内层温差随断面增厚而加大。

116. 胶料流变仪的检查主要是检验（　　）是否正常，有无漏加或错加现象，避免原材料波动造成的硫化性能的改变。

117. 邵氏硬度计数值由 0～100 来表示，（　　）硬度为 100，以此作为标准。

118. 胶料在加入压延机或挤出机之前,先要在开炼机上进行翻炼,使胶料柔软而易于压延和挤出,这一工艺过程叫做胶料(　　　),又称胶料预热。

119. 热炼的主要目的是使胶料柔软获得(　　　),同时也可以使胶料均匀。

120. 辊温影响压延质量,辊温(　　　),胶料流动性好,表面光滑。

121. 通常混炼胶的检查项目可分为四类:分散度检查、均匀度检查、流变仪性能检查和(　　　)检查。

122. 均一性检查主要是通过(　　　)不同,用科学的抽样方法来覆盖整批混炼胶的质量。

123. 混炼胶的补充加工主要是指(　　　)、停放和滤胶。

124. 为避免胶片在停放时产生自粘,需要涂(　　　)进行隔离处理。

125. 在冷却工艺中,常将开炼机割下的胶片浸入加有(　　　)的水槽中,然后取出来挂置晾干。

126. 橡胶材料在产生形变和恢复形变时受温度和时间的影响,表现有明显的应力松弛和蠕变现象,在震动或交变应力作用下,产生滞后损失,表现出了(　　　)。

127. 混炼胶料经冷却后一般要停放(　　　)小时以上才能使用,目的是使胶料充分恢复,减少胶料收缩。

128. 混炼胶是胶态分散体,(　　　)称分散介质,粉状配合剂称分散相。

129. 生胶因分子量、黏度和浸润性等的不同,对(　　　)的影响在混炼初始阶段最为显著。

130. 顺丁橡胶(　　　)较大,包辊性差,混炼时易脱辊,故开炼机混炼效果差。

131. 氧化锌不易分散的原因是混炼时与(　　　)一样带负电荷,二者相斥。

132. 改善氧化锌混炼分散的方法有四种:表面处理、(　　　)、母炼和选择合适的加料方式。

133. 补强填充剂粒径越(　　　),比表面积越大,分散越难。

134. 由于炭黑在胶料中的用量大,为获得良好的分散性,可采用(　　　)的办法。

135. 与炭黑一样,无机填充剂的分散难易程度取决于粒子大小,粒子越(　　　),分散越难。

136. 填料亲水性可作为填充剂混入橡胶难易的判据和标准,亲水性越(　　　),混入橡胶越难。

137. 密炼机混炼效果的好坏除了加料顺序外,主要取决于混炼温度、装胶容量、(　　　)、混炼时间与上顶栓压力。

138. 固体软化剂由于分散较慢,应和(　　　)一起加入。

139. 硬脂酸是炭黑的良好(　　　),故应在加炭黑前加入。

140. 开炼机混炼可分为三个阶段,即(　　　)、吃粉和翻炼。

141. 开炼机混炼的前提是(　　　)。

142. 包辊状态的影响因素有(　　　)、切变速率和生胶的特性。

143. 开炼机混炼顺丁橡胶的时候,当辊温超过(　　　)℃时,易发生脱辊、破裂现象。

144. 开炼机混炼时,(　　　)是配合剂混入胶料的过程。

145. 常用的防止人身触电的技术措施有(　　　)和安装漏电保护器。

146. 安全生产管理,坚持安全第一、(　　　)的方针。

147. 通过对亲水性配合剂表面进行化学改性,可以提高其在橡胶中的(　　　)。

148. 密炼机塑炼方法通常有一段塑炼、分段塑炼和添加(　　)塑炼。

149. 在一定范围内,塑炼胶可塑度随转子转速增加而(　　),塑炼时间减少。

150. 开炼机塑炼时,辊温低生胶硬,在开炼机上受到的剪切力(　　),塑炼效果好。

151. 塑炼的实质是通过塑炼使橡胶长分子链(　　),变成分子量较小的、链长较短的分子结构。

152. 一般门尼黏度在(　　)以下的天然橡胶可以不经塑炼而直接混炼。

153. 橡胶配方中防老剂的作用是(　　)。

154. 检验原始记录的书写应用钢笔或碳素笔,应在工作的(　　)予以记录,不允许事后补记或追记,不得随意涂改或剔除有关数据。

155. 丁基橡胶与其他橡胶的相容性差,在没有专用设备时混炼加工前后必须认真(　　)。

156. 白炭黑的含水率大会引起焦烧时间(　　)及正硫化时间缩短。

157. 活性氧化镁在使用过程中特别要注意(　　)。

二、单项选择题

1. 以下四种橡胶中,耐热老化性最好的是(　　)。
(A)天然橡胶　　　　(B)丁苯橡胶　　　　(C)顺丁橡胶　　　　(D)氯丁橡胶

2. 防焦剂的作用是(　　)。
(A)促进硫化　　　　(B)增加焦烧时间　　(C)缩短焦烧时间　　(D)加快硫化速度

3. 以下四种材料中,储能模量最大的是(　　)。
(A)极软钢　　　　　(B)灰铸钢　　　　　(C)增硬回火弹簧钢　(D)硫化橡胶

4. 橡胶随温度变化会产生三种物理状态,其中不包括(　　)。
(A)玻璃态　　　　　(B)高弹态　　　　　(C)黏流态　　　　　(D)液态

5. 以下四种橡胶中,储存稳定性最差的是(　　)。
(A)天然橡胶　　　　(B)丁苯橡胶　　　　(C)氯丁橡胶　　　　(D)顺丁橡胶

6. 橡胶配方中硫化体系不包括下面的(　　)。
(A)硫化剂　　　　　(B)脱模剂　　　　　(C)促进剂　　　　　(D)活化剂

7. 橡胶按照形态分类,不包括下面的(　　)。
(A)固体橡胶　　　　(B)液体橡胶　　　　(C)粉末橡胶　　　　(D)再生橡胶

8. 1839 年美国人(　　)经长期的艰苦试验发明了硫化。
(A)安东尼(Anthony)　　　　　　　　　(B)邓禄普(Dunlop)
(C)米其林(Michelin)　　　　　　　　　(D)固特异(Goodyear)

9. 热炼的作用在于恢复(　　)和流动性,使胶料进一步均化。
(A)热塑性　　　　　(B)内应力　　　　　(C)硬度　　　　　　(D)弹性

10. 下列胶种中(　　)是通用合成胶。
(A)天然橡胶　　　　(B)丁苯橡胶　　　　(C)氟橡胶　　　　　(D)氯醇橡胶

11. 下列四种配合剂中不属于小料的是(　　)。
(A)促进剂 M　　　　(B)钛白粉　　　　　(C)氧化锌　　　　　(D)防老剂 D

12. 在混炼过程中,橡胶大分子会与活性填料如炭黑粒子的表面产生化学和物理的牢固结合,使一部分橡胶结合在炭黑粒子的表面,成为不能溶解于有机溶剂的橡胶,叫(   )。

  (A)结合橡胶　　　　(B)凝胶　　　　(C)混炼胶　　　　(D)硫化胶

  13. 丁基橡胶最突出的性能是(   )。

  (A)耐磨性能好　　　(B)耐老化性能好　　(C)弹性最好　　　(D)耐透气性能好

  14. 橡胶是一种材料,它在大的变形下能迅速而有力恢复其形变,能够被改性。定义中所指的改性实质上是指(   )。

  (A)硫化　　　　　　(B)混炼　　　　(C)压出　　　　(D)塑炼

  15. 橡胶制品在储存和使用一段时间以后,就会变硬、龟裂或发黏,以至不能使用,这种现象称之为(   )。

  (A)焦烧　　　　　　(B)喷霜　　　　(C)硫化　　　　(D)老化

  16. 天然橡胶在(   )以下为玻璃态,高于 130 ℃为黏流态,两温度之间为高弹态。

  (A)-52 ℃　　　　(B)-62 ℃　　　(C)-72 ℃　　　(D)-82 ℃

  17. 在橡胶配方中起补强作用的是(   )。

  (A)硫黄　　　　　　(B)炭黑　　　　(C)芳烃油　　　(D)促进剂

  18. 橡胶配方中防老剂的作用是(   )。

  (A)提高强度　　　　(B)提高硬度　　(C)减缓老化　　(D)增加可塑度

  19. 下列橡胶是由天然胶乳经过浓缩、加酸凝固、压成具有菱形花纹的胶片,烟熏制成的是(   )。

  (A)标准胶　　　　　(B)烟片胶　　　(C)绉片胶　　　(D)异戊胶

  20. 硫化是橡胶工业生产加工的最后一个工艺过程。在这过程中,橡胶发生了一系列的化学反应,使之变为(   )的橡胶。

  (A)线形状态　　　　(B)支链状态　　(C)平面网状　　(D)立体网状

  21. 配合剂均匀的(   )于橡胶中是取得性能优良、质地均匀制品的关键。

  (A)集中　　　　　　(B)分散　　　　(C)提升　　　　(D)下降

  22. 白炭黑的(   )会引起胶料的焦烧时间缩短。

  (A)含水率大　　　　(B)含水率低　　(C)杂质多　　　(D)灰分多

  23. 一个完整的(   )主要由硫化剂、促进剂、活化剂所组成。

  (A)补强体系　　　　(B)防护体系　　(C)硫化体系　　(D)软化体系

  24. N550 是一种(   )的代号。

  (A)生胶　　　　　　(B)炭黑　　　　(C)促进剂　　　(D)增黏剂

  25. 可以延长胶料的焦烧时间,不减缓胶料的硫化速度的是(   )。

  (A)硫黄　　　　　　(B)炭黑　　　　(C)防焦剂　　　(D)促进剂

  26. 在胶料中主要起增容作用,即增加制品体积,降低制品成本的物质称为(   )。

  (A)增黏剂　　　　　(B)填充剂　　　(C)软化剂　　　(D)促进剂

  27. 一般天然橡胶中含有橡胶烃(   )。

  (A)92%~95%　　　(B)8%　　　　(C)5%　　　　(D)5%~8%

  28. 1862 年,(   )发明了双辊机,使橡胶的加工改性成为可能。

  (A)韩可克(Honcock)　　　　　　　　(B)固特异(Goodyear)

  (C)米其林(Michelin)　　　　　　　　(D)邓禄普(Dunlop)

29.1888 年,英国人(　　)发明了充气轮胎。

(A)韩可克(Honcock)　　　　　　　　　　　(B)邓禄普(Dunlop)

(C)米其林(Michelin)　　　　　　　　　　　(D)固特异(Goodyear)

30. 未硫化橡胶的拉伸强度称为(　　)。

(A)撕裂强度　　　　　(B)拉伸强度　　　　　(C)格林强度　　　　　(D)屈服强度

31. 对于天然橡胶,最适宜的硫化温度是(　　)。

(A)133 ℃　　　　　(B)143 ℃　　　　　(C)153 ℃　　　　　(D)163 ℃

32. 天然橡胶是一种(　　)橡胶,也就是说不需要加补强剂自身就有较高的强度。

(A)自补强　　　　　(B)合成　　　　　(C)非极性　　　　　(D)极性

33. 对于一般橡胶而言,不论是什么样的制品均必须经过炼胶和(　　)两个加工过程。

(A)塑炼　　　　　(B)压延　　　　　(C)挤出　　　　　(D)硫化

34. 下列橡胶属于饱和橡胶的是(　　)。

(A)天然橡胶　　　　　(B)氯丁橡胶　　　　　(C)三元乙丙橡胶　　　　　(D)顺丁橡胶

35. 下列橡胶属于特种橡胶的是(　　)。

(A)丁苯橡胶　　　　　(B)氟橡胶　　　　　(C)丁腈橡胶　　　　　(D)天然橡胶

36. 天然橡胶是(　　)橡胶,按照溶解度参数相近相溶原则,它溶于非极性溶剂中。

(A)非极性　　　　　(B)极性　　　　　(C)结晶　　　　　(D)自补强

37. 下列橡胶中,与天然橡胶具有一样结构单元的是(　　)。

(A)丁苯橡胶　　　　　(B)丁腈橡胶　　　　　(C)异戊橡胶　　　　　(D)顺丁橡胶

38. 国产标准天然橡胶的规格有(　　)个。

(A)3　　　　　(B)4　　　　　(C)5　　　　　(D)6

39. 国产烟片胶的规格有(　　)个。

(A)4　　　　　(B)5　　　　　(C)6　　　　　(D)7

40. 下列橡胶属于自补强橡胶的是(　　)。

(A)丁苯橡胶　　　　　(B)顺丁橡胶　　　　　(C)三元乙丙橡胶　　　　　(D)天然橡胶

41. 下列橡胶中被誉为"无龟裂"橡胶的是(　　)。

(A)丁苯橡胶　　　　　(B)丁腈橡胶　　　　　(C)异戊橡胶　　　　　(D)三元乙丙橡胶

42. 通用橡胶中耐热老化最好的橡胶是(　　)。

(A)三元乙丙橡胶　　　　　(B)天然橡胶　　　　　(C)异戊橡胶　　　　　(D)顺丁橡胶

43. 通用橡胶中弹性最差的橡胶是(　　)。

(A)丁苯橡胶　　　　　(B)丁基橡胶　　　　　(C)三元乙丙橡胶　　　　　(D)氯丁橡胶

44. 通用橡胶中气密性最好的橡胶是(　　)。

(A)丁苯橡胶　　　　　(B)天然橡胶　　　　　(C)丁基橡胶　　　　　(D)顺丁橡胶

45. 通用橡胶中耐油性最好的橡胶是(　　)。

(A)丁腈橡胶　　　　　(B)天然橡胶　　　　　(C)丁基橡胶　　　　　(D)顺丁橡胶

46. 下列橡胶中氧指数最高的橡胶是(　　)。

(A)天然橡胶　　　　　(B)丁苯橡胶　　　　　(C)丁基橡胶　　　　　(D)氯丁橡胶

47. 下列填料中属于补强剂的是(　　)。

(A)炭黑　　　　　(B)陶土　　　　　(C)碳酸钙　　　　　(D)滑石粉

48. 开炼机塑炼时,两个辊筒以一定的( )相对回转。
(A)速度　　　　　(B)速比　　　　　(C)温度　　　　　(D)压力

49. 影响包辊性的重要因素是( )品种。
(A)生胶　　　　　(B)炭黑　　　　　(C)促进剂　　　　　(D)增黏剂

50. 密炼机塑炼的操作顺序为( )。
(A)称量、排胶、翻炼、压片、塑炼、投料、冷却下片、存放
(B)称量、翻炼、塑炼、投料、压片、排胶、冷却下片、存放
(C)称量、投料、压片、翻炼、塑炼、排胶、冷却下片、存放
(D)称量、投料、塑炼、排胶、翻炼、压片、冷却下片、存放

51. 一般情况下在混炼中最先加的材料是( )。
(A)硫黄　　　　　(B)生胶　　　　　(C)炭黑　　　　　(D)增塑剂

52. 塑炼过程中会发生分子链断裂,( )不是影响分子链断裂的因素。
(A)机械力作用　　(B)塑解剂作用　　(C)温度的作用　　(D)压力作用

53. 在天然橡胶的混炼过程中,硫黄一般在混炼的( )阶段加入。
(A)最早　　　　　　　　　　　　　　(B)跟防老剂等小料一起
(C)最后　　　　　　　　　　　　　　(D)什么时间都可以

54. 适宜的试样状态调节装置是( )。
(A)老化箱　　　　(B)冰箱　　　　　(C)恒温恒湿箱　　(D)干燥箱

55. 开炼机混炼时需要割胶作业,主要目的是( )。
(A)散热　　　　　　　　　　　　　　(B)使配合剂分散均匀
(C)防止堆积胶太多　　　　　　　　　(D)减小压力

56. 适用于减振橡胶制品,综合性能最好的橡胶是( )。
(A)天然橡胶　　　(B)丁苯橡胶　　　(C)顺丁橡胶　　　(D)氯丁橡胶

57. 塑炼会造成橡胶分子量( )。
(A)增大　　　　　(B)减小　　　　　(C)不变　　　　　(D)或大或小

58. 下列因素不属于生胶塑炼条件的是( )。
(A)机械应力　　　(B)塑解剂　　　　(C)氧、臭氧　　　(D)热

59. 可塑度升高可导致( )。
(A)配合剂难分散　　　　　　　　　　(B)胶料的溶解性下降
(C)分子量增加　　　　　　　　　　　(D)流动性提高

60. 一般天然橡胶门尼黏度在( )以下的生胶可不必塑炼。
(A)30　　　　　　(B)40　　　　　　(C)50　　　　　　(D)60

61. 开炼机塑炼是借助( ),使分子链被扯断,而获得可塑度的。
(A)辊筒的挤压力和剪切力　　　　　　(B)辊筒的撕拉作用
(C)辊筒的剪切力和撕拉作用　　　　　(D)辊筒的挤压力、剪切力和撕拉作用

62. 下面选项中属于开炼机塑炼优点的是( )。
(A)卫生条件差　　(B)劳动强度大　　(C)适应面宽　　　(D)设备投资大

63. 常用的排胶标准中不包括下面的( )。
(A)混炼转速　　　(B)混炼时间　　　(C)混炼温度　　　(D)混炼能量

64. 塑炼胶冷却后一般要停放（　　）以上才能使用。

(A)4 h　　　　　　　　(B)6 h　　　　　　　　(C)8 h　　　　　　　　(D)10 h

65. 下列因素是开炼机塑炼比密炼机塑炼具有的优势是（　　）。

(A)开炼机塑炼时辊筒转速快　　　　　　(B)开炼机塑炼时辊筒设备便宜

(C)开炼机塑炼均匀　　　　　　　　　　(D)开炼机塑炼时摩擦生热多

66. 开炼机塑炼时切胶胶块最好呈三角棱形，这样的目的是（　　）。

(A)以便破胶时能顺利进入辊缝　　　　　(B)外观好看

(C)切胶方便　　　　　　　　　　　　　(D)个人喜好

67. 配料使用的古马隆树脂颗粒度大小要求是（　　）。

(A)≤75 g/块　　　　　(B)≤110 g/块　　　　(C)≤150 g/块　　　　(D)≤200 g/块

68. 下列操作中不属于配料工序的是（　　）。

(A)配合剂称量　　　　(B)干燥　　　　　　(C)粉碎　　　　　　(D)原材料检验

69. 一般情况下开炼机前后辊的速比是（　　）。

(A)1：1.00～1：1.15　　　　　　　　　(B)1：1.15～1：1.25

(C)1：1.25～1：1.27　　　　　　　　　(D)1：1.27～1：1.35

70. 塑炼效果好，塑炼胶均匀度高，生产效率低的塑炼方法是（　　）。

(A)薄通塑炼法　　　　　　　　　　　　(B)包辊塑炼法

(C)分段塑炼法　　　　　　　　　　　　(D)化学塑解剂塑炼法

71. 具有相对生产效率较高，可塑度均匀，胶料可获得较高的可塑度等优点的塑炼方法是（　　）。

(A)薄通塑炼法　　　　　　　　　　　　(B)包辊塑炼法

(C)分段塑炼法　　　　　　　　　　　　(D)化学塑解剂塑炼法

72. 切胶机出现（　　）系统故障仍时能起到保护作用的部件是上限位开关。

(A)液压　　　　　　　(B)动力　　　　　　(C)停止　　　　　　(D)切胶

73. 密炼机塑炼工艺方法不包括（　　）。

(A)一段塑炼法　　　　　　　　　　　　(B)分段塑炼法

(C)二段塑炼法　　　　　　　　　　　　(D)化学塑解剂塑炼法

74. 可以作为化学塑解剂使用的有（　　）。

(A)M　　　　　　　　(B)CTP　　　　　　(C)NOBS　　　　　　(D)TMTD

75. 下面生胶最容易塑炼的是（　　）。

(A)丁基橡胶　　　　　(B)天然橡胶　　　　(C)丁腈橡胶　　　　(D)顺丁橡胶

76. 在开炼机上将各种配合剂均匀加入到生胶中，这样的工艺过程是（　　）。

(A)混炼　　　　　　　(B)塑炼　　　　　　(C)薄通　　　　　　(D)配合

77. 既能保证成品具有良好的物理机械性能，又能具有良好的加工工艺性能是对（　　）的要求。

(A)塑炼胶　　　　　　(B)母炼胶　　　　　(C)混炼胶　　　　　(D)再生胶

78. 在混炼过程中，产生浓度很高的炭黑—橡胶团块的阶段是（　　）。

(A)渗透阶段　　　　　(B)润湿阶段　　　　(C)分散阶段　　　　(D)打开阶段

79. 开炼机混炼的三个阶段不包括（　　）。

(A)包辊　　　　　　　(B)吃粉　　　　　　(C)薄通　　　　　(D)翻炼

80. 在开炼混炼中,胶片厚度约(　　)处的紧贴前辊筒表面的胶层,称为"死层"。
(A)1/2　　　　　　(B)1/3　　　　　(C)1/4　　　　　(D)1/5

81. 在混炼终炼胶时,加料顺序不当造成的最严重后果是(　　)。
(A)影响分散性　　　(B)导致脱辊　　　(C)导致过炼　　　(D)导致焦烧

82. 在混炼中最先加的材料是(　　)。
(A)促进剂　　　　　(B)配合剂多且易分散的
(C)硫黄　　　　　　(D)配合剂较少且不易分散的

83. 密炼机混炼的三个阶段不包括(　　)。
(A)润湿　　　　　　(B)分散　　　　　(C)捏炼　　　　　(D)翻炼

84. 由于配合剂从胶料中喷出,在胶料表面形成的一层类似白霜的现象叫(　　)。
(A)喷霜　　　　　　(B)喷油　　　　　(C)析出　　　　　(D)渗透

85. 开炼机化学塑解剂塑炼法的温度应控制在(　　)℃。
(A)60~65　　　　　(B)65~70　　　　(C)70~75　　　　(D)75~80

86. 开炼机包辊塑炼法的辊距为(　　)。
(A)1~3 mm　　　　(B)1~5 mm　　　(C)5~8 mm　　　(D)5~10 mm

87. 适用于并用胶的掺和和易包辊的合成橡胶的塑炼方法是(　　)。
(A)包辊塑炼法　　　　　　　　(B)薄通塑炼法
(C)分段塑炼法　　　　　　　　(D)化学塑解剂塑炼法

88. 开炼机薄通塑炼法的辊距为(　　)。
(A)0~0.5 mm　　　(B)0.5~1 mm　　(C)1~1.5 mm　　(D)1.5~2 mm

89. 薄通塑炼法适用于(　　)。
(A)并用胶的掺和　　　　　　　(B)机械塑炼效果差的合成胶
(C)劳动强度要求低的情况　　　(D)塑炼效率高的情况

90. 一般情况下天然橡胶开炼机炼胶的时候,最后加入的配合剂是(　　)。
(A)硫黄　　　　　　(B)防焦剂　　　　(C)软化剂　　　　(D)防老剂

91. 下列不属于开炼机混炼过程的是(　　)。
(A)吃粉阶段　　　　(B)润湿阶段　　　(C)分散阶段　　　(D)打开阶段

92. 开炼机混炼的时候第二阶段需要的剪切力(　　)。
(A)较小　　　　　　(B)较大　　　　　(C)由低变高　　　(D)由高变低

93. 连续混炼不能普及的原因是(　　)。
(A)占地面积大　　　　　　　　(B)称量和加料系统相当复杂
(C)外形像挤出机　　　　　　　(D)设备投资大

94. 开炼机混炼天然橡胶时,固体古马隆树脂和操作油的加料顺序是(　　)。
(A)固体古马隆树脂后加,操作油先加　　(B)同时加入
(C)固体古马隆树脂先加,操作油后加　　(D)无所谓

95. 炭黑的基本结构单元是(　　)。
(A)炭黑聚集体　　　(B)碳原子　　　　(C)微晶　　　　　(D)层面

96. 天然橡胶密炼机塑炼时的排胶温度一般控制在(　　)。

(A)120~130 ℃　　　(B)130~145 ℃　　　(C)140~160 ℃　　　(D)155~150 ℃

97. 丁苯橡胶密炼机塑炼的排胶温度不应超过(　　),以免温度过高会产生交联或者支化。

(A)120 ℃　　　(B)130 ℃　　　(C)140 ℃　　　(D)150 ℃

98. 下列橡胶中不能采用密炼机塑炼的是(　　)。

(A)丁苯橡胶　　　(B)丁腈橡胶　　　(C)天然橡胶　　　(D)顺丁橡胶

99. 下列不是开炼机混炼优点的是(　　)。

(A)设备投资小　　　　　　　　　(B)占地面积小

(C)劳动强度大　　　　　　　　　(D)使用于小批量、多品种生产

100. 下列是密炼机混炼优点的是(　　)。

(A)生产效率高　　　　　　　　　(B)适合炼多种彩色胶

(C)灵活性强　　　　　　　　　　(D)适合小型橡胶工厂

101. 对大部分橡胶胶料,硫化温度每增加 10 ℃,硫化时间缩短(　　)。

(A)1/4　　　(B)1/3　　　(C)1/2　　　(D)1/5

102. 丁基橡胶与其他橡胶相容性差,在没有专用设备时混炼加工前后必须认真(　　)。

(A)检验　　　(B)称重　　　(C)清洗设备　　　(D)包装

103. 单刀液压切胶机的检修周期一般是小修不定期,中修 1 年,大修(　　)。

(A)2 年　　　(B)3 年　　　(C)4 年　　　(D)5 年

104. 下列规格中是表示单刀切胶机的是(　　)。

(A)DXQ-660　　　　　　　　　(B)XQW-1000×10A

(C)XK-400　　　　　　　　　　(D)XM-140/20

105. 衡器是衡量各种物质(　　)的计量器具或者设备。

(A)体积　　　(B)密度　　　(C)面积　　　(D)质量

106. XK-660 炼胶机,X 代表橡胶类,K 表示开放式,660 表示辊筒工作部分的(　　)是 660 mm。

(A)长度　　　(B)直径　　　(C)半径　　　(D)质量

107. 开炼机辊筒的(　　),是根据加工胶料的工艺要求选取的,是开炼机的重要参数之一。

(A)速比　　　(B)直径　　　(C)长度　　　(D)线速度

108. 开炼机后辊筒的线速度与前辊筒的线速度之比称为(　　)。

(A)横压力　　　(B)炼胶容量　　　(C)剪切力　　　(D)速比

109. 对同一机台来说,速比和辊筒线速度是一定的,可通过(　　)的方法来增加速度梯度,从而达到增加对胶料的剪切作用。

(A)增大辊距　　　(B)减小辊距　　　(C)增大堆积胶　　　(D)减少堆积胶

110. 合理的炼胶容量是指根据胶料全部包前辊后,并在两辊距之间存在一定数量的(　　)来确定。

(A)堆积胶　　　(B)速度梯度　　　(C)剪切力　　　(D)线速度

111. 密炼机的混炼室是(　　)的,物料的损失比开炼机的少。

(A)开放　　　(B)封闭　　　(C)半开放　　　(D)半封闭

112. 密炼机两转子具有一定的(　　),使胶料受到强烈的搅拌捏合作用。

(A)直径　　　　　　　(B)长度　　　　　　　(C)线速度　　　　　　(D)速比

113. 上顶栓对胶料的单位(　　)是强化混炼或塑炼过程的手段。

(A)压力　　　　　　　(B)压强　　　　　　　(C)气压　　　　　　　(D)液压

114. 下列不是原材料准备工艺原则的是(　　)。

(A)准确　　　　　　　(B)不错　　　　　　　(C)不漏　　　　　　　(D)不缺

115. 天然橡胶切胶后,胶块质量不合格的是(　　)。

(A)12 kg　　　　　　(B)16 kg　　　　　　(C)19 kg　　　　　　(D)22 kg

116. 下列选项中不是配合剂干燥方式的是(　　)。

(A)连续干燥　　　　　(B)间歇干燥　　　　　(C)红外干燥　　　　　(D)微波干燥

117. 原材料库房中各类材料发出,原则上采用(　　)法。

(A)先进先出　　　　　(B)先进后出　　　　　(C)就近出料　　　　　(D)随机

118. 储存原材料的库房应地面平整,便于(　　),以防库存产品损坏或变质。

(A)密闭　　　　　　　(B)通风换气　　　　　(C)阳光直射　　　　　(D)人员走动

119. 原材料储存中规定,原材料距离地面的最小距离是(　　)。

(A)0.1 m　　　　　　(B)0.2 m　　　　　　(C)0.3 m　　　　　　(D)0.4 m

120. 原材料储存中规定,原材料距离热源的最小距离是(　　)。

(A)1 m　　　　　　　(B)2 m　　　　　　　(C)3 m　　　　　　　(D)4 m

121. 开炼机混炼的前提是(　　)。

(A)包辊　　　　　　　(B)吃粉　　　　　　　(C)翻炼　　　　　　　(D)塑炼

122. 配合剂混入胶料的过程是(　　)。

(A)塑炼　　　　　　　(B)混炼　　　　　　　(C)吃粉　　　　　　　(D)喷霜

123. 开炼机混炼时堆积胶量的多少常用接触角来衡量,接触角一般取值为(　　)度。

(A)32~37　　　　　　(B)35~42　　　　　　(C)32~45　　　　　　(D)41~46

124. 在开炼混炼中,胶片厚度约1/3处的紧贴前辊筒表面的胶层,称为(　　)。

(A)结合橡胶　　　　　(B)死层　　　　　　　(C)包容胶　　　　　　(D)熟胶

125. 下列配合剂在开炼机炼胶时需要先加的是(　　)。

(A)TMTD　　　　　　(B)硫黄　　　　　　　(C)石蜡油　　　　　　(D)古马隆树脂

126. 以天然橡胶为主的开炼机混炼加料顺序是(　　)。

(A)塑炼胶→固体软化剂→小料→大料→液体软化剂→硫黄、超速促进剂

(B)塑炼胶→液体软化剂→小料→大料→固体软化剂→硫黄、超速促进剂

(C)塑炼胶→固体软化剂→大料→小料→液体软化剂→硫黄、超速促进剂

(D)塑炼胶→固体软化剂→小料→大料→硫黄、超速促进剂→液体软化剂

127. 橡胶中能溶于丙酮的物质,主要是一些高级脂肪酸和固醇类物质,被称作(　　)。

(A)灰分　　　　　　　(B)蛋白质　　　　　　(C)水分　　　　　　　(D)丙酮抽出物

128. 密炼机混炼的二段混炼法中,母胶下片冷却停放(　　)后再进行二次混炼。

(A)6 h　　　　　　　(B)8 h　　　　　　　(C)10 h　　　　　　　(D)12 h

129. 下列配合剂由于分散较慢,在密炼机混炼时需要和生胶一起加入的是(　　)。

(A)硫黄　　　　　　　(B)TMTD　　　　　　(C)固体软化剂　　　　(D)液体软化剂

130. 硬脂酸是炭黑的良好分散剂,在密炼机混炼时应加在炭黑之(　　)。

(A)前　　　　　　　(B)后　　　　　　(C)无所谓　　　　(D)都可以

131. 下面措施不能改善氧化锌的混炼分散效果的是(　　)。

(A)表面处理　　　　　　　　　　(B)造粒

(C)母炼　　　　　　　　　　　　(D)跟液体软化剂同时投料

132. 下面四种配合剂在天然橡胶中最难混炼的是(　　)。

(A)白炭黑　　　　(B)滑石粉　　　　(C)重质碳酸钙　　(D)氧化锌

133. 一般情况下,混炼胶的补充加工不包括(　　)。

(A)冷却　　　　　(B)停放　　　　　(C)快检　　　　　(D)滤胶

134. 若胶料的可塑度(　　),混炼时配合剂也不易分散均匀,压出半成品挺性不好,压延时胶料会粘辊筒和垫布,硫化时胶料流失胶边过多。

(A)过低　　　　　(B)过高　　　　　(C)不均匀　　　　(D)过快

135. 使胶料柔软获得热塑炼,同时也可使胶料均匀的工艺过程称(　　)。

(A)塑炼　　　　　(B)密炼　　　　　(C)混炼　　　　　(D)热炼

136. 邵氏硬度计数值由 0~100 来表示,玻璃硬度为(　　),以此作为标准。

(A)80　　　　　　(B)90　　　　　　(C)100　　　　　　(D)110

137. 由于配合剂喷出胶料表面而形成的一层白色物质的现象称(　　)。

(A)喷硫　　　　　(B)喷霜　　　　　(C)喷粉　　　　　(D)渗油

138. 为避免胶片在停放时产生自粘,需要在胶片表面涂(　　)。

(A)硅油　　　　　(B)石蜡油　　　　(C)隔离剂　　　　(D)炭黑

139. 为保证混炼质量,硬脂酸和氧化锌的合理加入顺序是(　　)。

(A)先加硬脂酸,后加氧化锌

(B)先加氧化锌,后加硬脂酸

(C)两者同时加

(D)先加一半硬脂酸,再加氧化锌,最后加剩余的一半硬脂酸

140. 开炼机混炼顺丁橡胶时辊温不宜超过(　　)。

(A)40 ℃　　　　 (B)50 ℃　　　　 (C)60 ℃　　　　 (D)70 ℃

141. 将各种配合剂混入具有一定塑性的生胶中制成质量均匀的混炼胶的过程称(　　)。

(A)塑炼　　　　　(B)混炼　　　　　(C)热炼　　　　　(D)分散

142. 由于在高温塑炼条件下会生成凝胶,难以获得良好塑炼效果,所以不能采用密炼机进行塑炼的生胶是(　　)。

(A)天然橡胶　　　(B)丁腈橡胶　　　(C)丁苯橡胶　　　(D)顺丁橡胶

143. 评估塑炼胶质量的手段之一是进行测试(　　)。

(A)门尼黏度　　　(B)密度　　　　　(C)拉伸强度　　　(D)硬度

144. 目前橡胶工业中,测试橡胶硫化特性的专用仪器是(　　)。

(A)门尼黏度仪　　(B)硫化仪　　　　(C)热分析仪　　　(D)泡点分析仪

145. 橡胶是高弹性的高分子材料,由于橡胶具有其他材料所没有的高弹性,因而也称作(　　)。

(A)黏弹体　　　　(B)弹性体　　　　(C)热塑性弹性体　(D)黏性体

146. 撕裂强度试验撕裂扩展的方向,裤形试样应(　　)于试样的长度,而直角形和新月

形试样应( )于试样的长度方向。

(A)平行、垂直　　(B)垂直、平行　　(C)平行、平行　　(D)垂直、垂直

147. 用于塑炼加工的开炼机辊筒速比一般是( )。

(A)1：1.22　　(B)1：1.24　　(C)1：1.26　　(D)1：1.28

148. 下列开炼机塑炼的影响因素中,塑炼效果好的是( )。

(A)辊温低　　(B)辊温高　　(C)辊距大　　(D)辊筒转速慢

149. 下列配合剂中特别要注意防潮的是( )。

(A)硬脂酸　　(B)防老剂 4010NA　　(C)活性氧化镁　　(D)促进剂 CZ

150. 原材料质量控制"三关"内容不包括( )。

(A)进货关　　(B)保管关　　(C)出货关　　(D)保密关

151. 氧化锌和氧化镁两者并用硫化氯丁橡胶,最佳并用比是( )。

(A)4：3　　(B)5：4　　(C)5：3　　(D)3：2

152. 在下列橡胶中需要塑炼的是( )。

(A)烟片胶　　(B)颗粒胶　　(C)丁苯橡胶　　(D)三元乙丙橡胶

153. 开炼机的规格一般以辊筒工作部分的( )来表示。

(A)转速和速比　　(B)直径和长度　　(C)直径和质量　　(D)速比和直径

154. 密炼机卸料装置的结构形式是( )。

(A)滑动式和摆动式　　(B)滑动式和收缩式

(C)上下式和左右式　　(D)上下式和旋转式

155. 拉伸强度试验的试样形状是( )。

(A)新月型　　(B)裤型　　(C)直角型　　(D)哑铃型

156. 使用硫化仪测定的胶料硫化特性曲线中,( )反映胶料在一定温度下的可塑性。

(A)焦烧时间　　(B)正硫化时间　　(C)最小转矩　　(D)最大转矩

三、多项选择题

1. 下列橡胶中属于自补强橡胶的是( )。

(A)天然橡胶　　(B)丁苯橡胶　　(C)顺丁橡胶　　(D)氯丁橡胶

2. 下列橡胶中属于结晶橡胶的是( )。

(A)三元乙丙橡胶　　(B)丁苯橡胶　　(C)天然橡胶　　(D)氯丁橡胶

3. 下列橡胶中属于饱和橡胶的是( )。

(A)三元乙丙橡胶　　(B)丁基橡胶　　(C)异戊橡胶　　(D)顺丁橡胶

4. 下列橡胶中属于通用橡胶的是( )。

(A)三元乙丙橡胶　　(B)丁腈橡胶　　(C)异戊橡胶　　(D)硅橡胶

5. 橡胶按照形态分类,包括( )。

(A)固体橡胶　　(B)液体橡胶　　(C)再生橡胶　　(D)粉末橡胶

6. 对于一般橡胶而言,所有制品必须经过的两个加工过程是( )。

(A)炼胶　　(B)塑炼　　(C)硫化　　(D)压延

7. 下列性能属于丁苯橡胶的性能的是( )。

(A)不结晶,是非自补强橡胶　　(B)耐磨性能优于天然橡胶

(C)抗湿滑性好　　　　　　　　　　　　　(D)耐臭氧性能优

8. 下列橡胶不需要塑炼的是(　　　)。

(A)烟片胶　　　(B)颗粒胶　　　(C)丁苯橡胶　　　(D)三元乙丙橡胶

9. 下列橡胶中不易冷流的是(　　　)。

(A)天然橡胶　　　(B)丁苯橡胶　　　(C)顺丁橡胶　　　(D)丁腈橡胶

10. 下列性能属于顺丁橡胶性能的是(　　　)。

(A)良好的弹性,是通用橡胶中弹性最好的胶

(B)耐低温型好,是通用橡胶中耐寒性最好的胶

(C)强度高,属于自补强胶

(D)耐油性好,是通用橡胶中耐油性最好的胶

11. 三元乙丙橡胶是使用(　　　)和第三单体合成而来。

(A)乙烯　　　(B)丙烯　　　(C)丁烯　　　(D)丁二烯

12. 配方中的硫化体系由(　　　)组成。

(A)硫化剂　　　(B)促进剂　　　(C)活化剂　　　(D)防老剂

13. 完整的硫化历程包括(　　　)。

(A)焦烧阶段　　　(B)热硫化阶段　　　(C)平坦阶段　　　(D)过硫化阶段

14. 下列促进剂属于超速级促进剂的是(　　　)。

(A)TMTD　　　(B)CZ　　　(C)DM　　　(D)TMTM

15. 下列促进剂属于准速级促进剂的是(　　　)。

(A)M　　　(B)CZ　　　(C)NOBS　　　(D)BZ

16. 下列促进剂既可以做促进剂又可以做硫黄给予体的是(　　　)。

(A)TMTD　　　(B)TMTM　　　(C)DTDM　　　(D)OTOS

17. 一般的活化体系包含下面的(　　　)。

(A)防焦剂　　　(B)氧化锌　　　(C)硬脂酸　　　(D)防老剂

18. 橡胶工业用的主要补强剂是(　　　)。

(A)陶土　　　(B)碳酸钙　　　(C)炭黑　　　(D)白炭黑

19. 炭黑结构的测定方法有吸油值法,是指(　　　)。

(A)DBP 吸油值法　　　　　　　　　　(B)压缩 DBP 吸油值法

(C)DOP 吸油值法　　　　　　　　　　(D)压缩 DOP 吸油值法

20. 下列配合剂属于小料的是(　　　)。

(A)促进剂 TMTD　　　(B)白炭黑　　　(C)硬脂酸　　　(D)防老剂 4010NA

21. 橡胶随温度变化会产生的三种物理状态是(　　　)。

(A)玻璃态　　　(B)高弹态　　　(C)黏流态　　　(D)液态

22. 填充剂可起到(　　　),改善加工性能的作用。

(A)增大体积　　　(B)防焦烧　　　(C)降低成本　　　(D)提高硫化速度

23. 橡胶是一种(　　　)的高分子材料。

(A)大蠕变　　　(B)高门尼　　　(C)高弹性　　　(D)大形变

24. 下列促进剂属于秋兰姆类促进剂的是(　　　)。

(A)TMTD　　　(B)TBTD　　　(C)DM　　　(D)TMTM

25. 下列促进剂属于次磺酰胺类促进剂的是(　　)。

(A)CZ　　　　　　　　(B)NOBS　　　　　(C)DM　　　　　　(D)TBBS

26. 下列促进剂属于噻唑类促进剂的是(　　)。

(A)M　　　　　　　　(B)D　　　　　　　(C)DM　　　　　　(D)BZ

27. 下列属于防老剂的是(　　)。

(A)RD　　　　　　　(B)4010NA　　　　(C)TMTD　　　　　(D)MB

28. 炭黑是由碳元素形成的胶状物质,决定它的补强性质的是(　　)。

(A)粒径　　　　　　(B)结构　　　　　(C)表面化学　　　(D)密度

29. 橡胶操作油主要有(　　)。

(A)芳烃族类　　　　(B)环烷烃类　　　(C)石蜡类　　　　(D)变压器油

30. 下列油类属于合成增塑剂的是(　　)。

(A)DOP　　　　　　(B)DBP　　　　　(C)DOS　　　　　(D)DOZ

31. 下列填料属于填充剂的是(　　)。

(A)碳酸钙　　　　　(B)滑石粉　　　　(C)陶土　　　　　(D)白炭黑

32. 下列炭黑属于硬质炭黑的是(　　)。

(A)超耐磨炭黑　　　(B)高耐磨炭黑　　(C)热裂解炭黑　　(D)半补强炭黑

33. 橡胶发生老化的主要因素有(　　)。

(A)热氧老化　　　　(B)光氧老化　　　(C)臭氧老化　　　(D)疲劳老化

34. 炭黑按制造方法可分为(　　)。

(A)炉法炭黑　　　　(B)热裂解炭黑　　(C)槽法炭黑　　　(D)新工艺炭黑

35. 橡胶中常用的填料按作用可分为(　　)。

(A)防老剂　　　　　(B)补强剂　　　　(C)填充剂　　　　(D)增塑剂

36. 橡胶配方中促进剂的作用是(　　)。

(A)降低硫化温度　　　　　　　　　　(B)缩短硫化时间

(C)改善硫化胶的物理性能　　　　　　(D)减少硫黄用量

37. 下列橡胶中需要烘胶的是(　　)。

(A)烟片胶　　　　　(B)氯丁橡胶　　　(C)顺丁橡胶　　　(D)丁苯橡胶

38. 切胶的目的是(　　)。

(A)便于生胶的称量　　　　　　　　　(B)便于生胶的投料

(C)保护设备　　　　　　　　　　　　(D)便于生胶的运输

39. 原材料的准备应满足工艺要求,严格执行的原则是(　　)。

(A)准确　　　　　　(B)干净　　　　　(C)不错　　　　　(D)不漏

40. 为便于塑炼加工,生胶在塑炼前需要预先进行处理,该过程包括(　　)。

(A)烘胶　　　　　　(B)切胶　　　　　(C)选胶　　　　　(D)破胶

41. 仓库管理中的原材料质量控制"三关"内容是(　　)。

(A)保密关　　　　　(B)进货关　　　　(C)保管关　　　　(D)出货关

42. 烘胶的目的是(　　)。

(A)清除结晶　　　　(B)杂质容易清除　　(C)减少加工时间　(D)减低能耗

43. 开炼机塑炼工艺方法包括(　　)。

(A)薄通塑炼法 　　　　　　　　　　　　　　　(B)包辊塑炼法

(C)分段塑炼法 　　　　　　　　　　　　　　　(D)化学塑解剂塑炼法

44. 开炼机塑炼的缺点是( )。

(A)劳动强度大 　　　　(B)生产效率低 　　　(C)卫生条件差 　　　(D)投资小

45. 机械塑炼法包括( )。

(A)开炼机塑炼法 　　　(B)密炼机塑炼法 　　　(C)螺杆塑炼法 　　　(D)挤出机塑炼法

46. 密炼机塑炼工艺方法包括( )。

(A)一段塑炼法 　　　　　　　　　　　　　　　(B)分段塑炼法

(C)二段塑炼法 　　　　　　　　　　　　　　　(D)化学塑解剂塑炼法

47. 螺杆塑炼机塑炼的优点是( )。

(A)劳动强度小 　　　　(B)生产效率高 　　　(C)设备简单 　　　(D)易连续化生产

48. 影响密炼机塑炼效果的因素有( )。

(A)温度 　　　　　　　(B)时间 　　　　　　(C)塑解剂 　　　　(D)上顶栓压力

49. 常用的化学塑解剂有( )。

(A)CTP 　　　　　　　(B)NOBS 　　　　　　(C)M 　　　　　　　(D)DM

50. 开炼机混炼的三个阶段是( )。

(A)包辊 　　　　　　　(B)吃粉 　　　　　　(C)薄通 　　　　　(D)翻炼

51. 塑炼过程中会发生分子链断裂,影响分子链断裂的因素是( )。

(A)机械力作用 　　　　(B)塑解剂作用 　　　(C)温度的作用 　　(D)压力作用

52. 混炼过程是通过下面( )两个阶段完成的。

(A)渗透阶段 　　　　　(B)润湿阶段 　　　　(C)分散阶段 　　　(D)打开阶段

53. 为了使混炼胶分散均匀,需进行翻炼,方法有( )。

(A)左右割刀 　　　　　(B)打卷 　　　　　　(C)薄通 　　　　　(D)打三角包

54. 下列现象中由过炼引起的是( )。

(A)配合剂分散不均匀 　　　　　　　　　　　　(B)橡胶分子被严重破坏

(C)成品性能下降 　　　　　　　　　　　　　　(D)能耗增加

55. 密炼机混炼的三个阶段是( )。

(A)润湿 　　　　　　　(B)分散 　　　　　　(C)捏炼 　　　　　(D)翻炼

56. 密炼机混炼的工艺方法有( )。

(A)一段混炼法 　　　　(B)二段混炼法 　　　(C)逆混法 　　　　(D)引料法

57. 混炼胶的检查通常包括( )。

(A)分散度检查 　　　　　　　　　　　　　　　(B)均匀度检查

(C)流变性能检查 　　　　　　　　　　　　　　(D)物理机械性能检查

58. 开炼机塑炼是借助( )作用,使分子链被扯断,而获得可塑度的。

(A)辊筒的挤压力 　　　　　　　　　　　　　　(B)辊筒的撕拉作用

(C)辊筒的剪切力 　　　　　　　　　　　　　　(D)辊筒的温度

59. 原材料管理包括( )。

(A)原材料质量控制"三关" 　　　　　　　　　　(B)原材料入库

(C)储存 　　　　　　　　　　　　　　　　　　(D)原材料出库管理

60. 下列属于交接班工作中"五不交"内容的是(　　　)。

(A)岗位卫生未搞好

(B)原始材料使用、产品质量情况及存在问题

(C)记录不齐、不准、不清

(D)车间指定本班的任务未完成,未说清楚

61. 下列属于交接班工作中"十交"内容的是(　　　)。

(A)交本班生产情况和任务完成情况

(B)交设备运转、仪电运行情况

(C)交不安全因素、本班采取的预防措施和故障处理情况

(D)生产不正常、施工未处理完

62. 生胶塑炼的方法有(　　　)。

(A)物理塑炼法　　　(B)化学塑炼法　　　(C)机械塑炼法　　　(D)压出塑炼法

63. 为提高硫黄在硫化过程中的有效性,一般采用的方法是(　　　)。

(A)提高促进剂的用量,降低硫黄用量　　　(B)高硫黄用量、低促进剂用量

(C)采用无硫配合,即硫黄给予体的配合　　　(D)过氧化物+硫黄

64. 填料粒径的大小对硫化胶的性能影响是(　　　)。

(A)粒径小,撕裂强度、定伸应力、硬度均提高　　　(B)粒径小,弹性和伸长率下降

(C)粒径小,压缩永久变形变化很小　　　(D)粒径小,混炼越困难

65. 密炼机混炼的影响因素有(　　　)、混炼温度、混炼时间等,还有设备本身的结构因素,主要是转子的几何构型。

(A)装胶容量　　　(B)加料顺序　　　(C)上顶拴压力　　　(D)转子转速

66. 常用的硫化介质有(　　　)、热水、氮气及其他固体介质等。

(A)饱和蒸汽　　　(B)过热蒸汽　　　(C)过热水　　　(D)热空气

67. 开炼机热炼一般分三步完成,为(　　　)。

(A)混炼　　　(B)粗炼　　　(C)细炼　　　(D)供胶

68. 橡胶配方的组成是多组分的,一个合理的橡胶配合体系除了生胶外,还应该包括(　　　)。

(A)硫化体系　　　(B)填充补强体系　　　(C)防护体系　　　(D)增塑体系

69. 橡胶配方中各组分之间有复杂的交互作用,是指配方中原材料之间产生的(　　　)。

(A)协同效应　　　(B)并用效应　　　(C)加和效应　　　(D)对抗作用

70. 配方(　　　)、产品结构设计之间存在着强烈的依存和制约关系。

(A)塑炼　　　(B)工艺条件　　　(C)原材料　　　(D)设备

71. 生产中所用的配方应包括(　　　)、在规定硫化条件下胶料比重及物理机械性能。

(A)胶料的名称及代号　　　(B)配合剂价格

(C)各种配合剂的用量　　　(D)生胶的含量

72. 国家标准分为(　　　)。

(A)强制性国家标准　　　(B)推荐性国家标准

(C)自愿性国家标准　　　(D)选择性国家标准

73. 填料的(　　　)性质对于混炼过程和混炼胶性质均有影响。

橡胶炼胶工(初级工)习题

(A)粒径　　　　　　　　(B)结构　　　　　　　(C)密度　　　　　　(D)表面性质

74. 下列橡胶属于不饱和橡胶的是(　　)。

(A)丁腈橡胶　　　　　　(B)丁苯橡胶　　　　　(C)三元乙丙橡胶　　(D)二元乙丙橡胶

75. 下列选项是开炼机塑炼的缺点的是(　　)。

(A)卫生条件差　　　　　(B)劳动强度大　　　　(C)可塑性均匀　　　(D)生产效率低

76. 下列选项是开炼机塑炼的优点的是(　　)。

(A)卫生条件差　　　　　(B)劳动强度大　　　　(C)适应面宽　　　　(D)投资小

77. 下列试验方法属于压缩法的是(　　)。

(A)门尼黏度法　　　　　　　　　　　　　　(B)华莱士可塑度法

(C)德佛可塑性测量法　　　　　　　　　　　(D)门尼焦烧

78. 撕裂强度试验的试样形状有(　　)。

(A)裤型　　　　　　　　(B)新月型　　　　　　(C)哑铃型　　　　　(D)直角型

79. 下面属于喷霜的是(　　)。

(A)喷硫　　　　　　　　(B)喷彩　　　　　　　(C)喷粉　　　　　　(D)喷蜡

80. 一般情况下,混炼胶的补充加工包括(　　)。

(A)冷却　　　　　　　　(B)停放　　　　　　　(C)滤胶　　　　　　(D)检验

81. 配合剂干燥的方式有(　　)。

(A)连续干燥　　　　　　(B)间歇干燥　　　　　(C)红外干燥　　　　(D)微波干燥

82. 配合剂粉碎时,下列小料的颗粒度可以<150 g/块的是(　　)。

(A)石蜡　　　　　　　　(B)固体古马隆　　　　(C)防老剂 A　　　　(D)松香

83. 同一配方可用(　　)方法表示。

(A)基本配方　　　　　　　　　　　　　　　(B)质量百分数配方

(C)体积百分数配方　　　　　　　　　　　　(D)生产配方

84. 橡胶的磨耗形式主要有(　　)。

(A)老化磨耗　　　　　　(B)磨损磨耗　　　　　(C)疲劳磨耗　　　　(D)卷曲磨耗

85. 下列选项中是开炼机炼胶翻炼方法的是(　　)。

(A)薄通法　　　　　　　(B)三角包法　　　　　(C)斜刀法　　　　　(D)打卷法

86. 椭圆形转子密炼机按其旋转突棱的数目不同,可分为(　　)。

(A)一棱转子　　　　　　(B)双棱转子　　　　　(C)三棱转子　　　　(D)四棱转子

87. 根据密炼机转子断面形状不同,密炼机可分为(　　)。

(A)椭圆形转子密炼机　　　　　　　　　　　(B)圆筒形转子密炼机

(C)三棱形密炼机　　　　　　　　　　　　　(D)四棱形密炼机

88. 密炼机的规格一般以(　　)来表示。

(A)混炼室工作容积　　　　　　　　　　　　(B)电机功率

(C)主动转子的转数　　　　　　　　　　　　(D)主动转子的形状

89. 开炼机的规格一般以辊筒工作部分的(　　)来表示。

(A)转速　　　　　　　　(B)直径　　　　　　　(C)长度　　　　　　(D)速比

90. 密炼机室的冷却方式有(　　)。

(A)喷淋式　　　　　　　(B)水浸式　　　　　　(C)夹套式　　　　　(D)钻孔式

91. 密炼机转子的冷却方式有( )。

(A)喷淋式　　　　　(B)水浸式　　　　　(C)螺旋夹套式　　　　(D)钻孔式

92. 密炼机卸料装置的结构形式有( )。

(A)滑动式　　　　　(B)摆动式　　　　　(C)上下式　　　　　(D)左右式

四、判 断 题

1. 天然橡胶热氧老化后表现为变硬变脆,顺丁橡胶热氧老化后表现为变软发黏。( )

2. 当天然橡胶的门尼黏度在 60 以下时可不用塑炼。( )

3. 硫化三要素是温度、时间、压强。( )

4. 天然橡胶机械强度高的原因在于它是非自补强的橡胶。( )

5. 硫化历程包括焦烧期、热硫化期、平坦硫化期、过硫化期四个阶段。( )

6. 混炼胶是胶态分散体,生胶是分散介质,粉状配合剂是分散相。( )

7. 顺丁橡胶冷流性较大,包辊性差,混炼时易脱辊,故开炼机混炼效果差。( )

8. 氧化锌不易分散的原因是混炼时与生胶带的电荷不同,互相吸引所致。( )

9. 填料亲水性可作为填充剂混入橡胶难易的判据和标准,亲水性越强,越容易混入橡胶中。( )

10. 重质碳酸钙可以充当某些难分散炭黑和活性碳酸钙的分散促进剂。( )

11. 无论何种橡胶,如果对氧化镁作预烘干处理,除去水分,则可提高其在橡胶中的分散度。( )

12. 混炼胶片必须冷却到 60 ℃以下,方可堆垛停放。( )

13. 混炼胶的质量检验是控制和提高混炼胶质量的手段,是橡胶制品生产中的重要一环。( )

14. 邵氏硬度计数值由 0～100 来表示,玻璃的硬度为 100,以此作为标准。( )

15. 密度测定主要是检查胶料是否混炼均匀,以及是否错配或漏配生胶、软化剂、补强填充剂等原材料。( )

16. 橡胶是一种高弹性、大形变的高分子材料。( )

17. 温度对橡胶的黏度影响很大,温度增加,黏度下降。( )

18. 补强填充剂用量大,则胶料的流动性小,弹性小。( )

19. 白炭黑跟炭黑其实是一种物质,只不过是白色的。( )

20. 天然橡胶因其分子量分布宽,故有很好的加工工艺性能。( )

21. 硫化是塑性橡胶转化为弹性橡胶或者硬质橡胶的过程,即胶料在一定温度、压力、时间的条件下,橡胶大分子的线性结构发生化学交联反应,转变成空间立体网状结构的过程。( )

22. 在烘箱或者烘房里烘胶的过程中可以将生胶放在热源上。( )

23. 任何橡胶材料如果不经过加入各种配合剂,都不可能直接制成具有真正使用意义的产品的。( )

24. 硫化体系主要由对各种热氧老化、臭氧老化、天候老化、光老化以及疲劳老化起防护作用的物理或者化学防老剂组成。( )

25. 所谓化学防护方法是指能够尽量避免橡胶与老化因素相互作用的方法,如加石蜡

等。（　　）

26. 氯丁胶在 24 ℃～40 ℃的烘胶条件下可以长时间烘胶。（　　）

27. 母炼胶是将某些配合剂与生胶按照一定比例预先制成的简单胶料。（　　）

28. 一般填料粒径越细、结构度越高、填充量越大、表面活性越高,则混炼胶黏度越低。（　　）

29. 标准胶马来西亚包装重 50 kg。（　　）

30. 天然橡胶比合成胶容易塑炼,但也容易产生过炼。（　　）

31. 天然橡胶比合成胶容易混炼,天然橡胶易包热辊。（　　）

32. 塑性保持率是指生胶在 140 ℃×30 min 加热前后华莱士可塑度的比值,以百分率表示。（　　）

33. 丁苯橡胶的弹性优于天然橡胶。（　　）

34. 丁苯橡胶耐磨性能优于天然橡胶。（　　）

35. 顺丁橡胶具有较好的弹性,是通用橡胶中弹性最好的一种橡胶。（　　）

36. 焦烧是混炼胶在加工或停放过程中产生的一种早期硫化现象。（　　）

37. 返原是指胶料达到正硫化后再继续硫化,交联键裂解,交联密度下降,使胶料性能下降的现象。（　　）

38. 炭黑的分类按制法分为炉法炭黑、槽法炭黑、热裂法炭黑、新工艺炭黑;按作用分为硬质炭黑、软质炭黑。（　　）

39. 炭黑粒径对混炼过程的影响:粒径越粗,混炼越困难,吃料慢,耗能高,生热高,分散越困难。（　　）

40. 丁苯橡胶具有较好的弹性,是通用橡胶中弹性最好的一种橡胶。（　　）

41. 一个合理的橡胶配合体系应该包括生胶、硫化体系、补强填充体系、防护体系、增塑体系五大部分。（　　）

42. 当胶料冷却时过量的硫黄会析出胶料表面形成结晶,这种现象称为焦烧。（　　）

43. 能增加促进剂的活性,减少促进剂用量,缩短硫化时间,并可提高硫化强度的物质叫补强剂。（　　）

44. 在胶料中主要起增容作用,即增加制品体积、降低制品成本的物质称为填充剂。（　　）

45. 橡胶制品在储存和使用一段时间以后,就会变硬、龟裂或发黏,以至不能使用,这种现象称之为硫化。（　　）

46. 把各种配合剂和具有塑性的生胶,均匀地混合在一起的工艺过程,称为塑炼。（　　）

47. 炭黑是橡胶工业中最重要的补强性填料之一。（　　）

48. 在一定条件下,对生胶进行机械加工,使之由强韧的弹性状态变为柔软而具有可塑性状态的工艺过程,称为塑炼。（　　）

49. 橡胶最宝贵的性质是高弹性。（　　）

50. 未硫化的橡胶低温下变硬,高温下变软,没有保持形状的能力且力学性能较低。（　　）

51. 天然橡胶进行炼胶时如果时间长则易产生过硫现象。（　　）

52. 合成橡胶按应用范围及用途可分为通用合成橡胶和特种合成橡胶。（　　）

53. 硫化体系由硫化剂、活化剂、促进剂三部组成。（　　）

54. 基本配方——以质量份数来表示的配方,即以生胶的质量为 100 份,其他配合剂用量

都以相应的质量份数表示。（　　）

55. 橡胶按其外观表现可分为固态橡胶、乳状橡胶、液体橡胶和再生橡胶四大类。（　　）

56. 国产标准天然橡胶的规格有 4 个。（　　）

57. 国产烟片胶的规格有 6 个。（　　）

58. 通用橡胶中弹性最差的橡胶是氯丁橡胶。（　　）

59. 防焦剂 CTP 的优点是不影响硫化胶的结构和性能、不影响硫化速度。（　　）

60. 氧化锌和硬脂酸在硫黄硫化体系中组成了活化体系。（　　）

61. 在天然橡胶配方中适当增加氧化锌的用量可以提高胶料的耐热性。（　　）

62. 炭黑的粒径越大,则比表面积越大,对橡胶的补强性也越好。（　　）

63. 炭黑吸油值方法有 DBP 吸油值和压缩样 DBP 吸油值两种。（　　）

64. 橡胶老化的防护方法可以概括为两种,即物理防护法和化学防护法。（　　）

65. 硬脂酸有利于炭黑等活性填料的分散,同时又是硫化的活化剂。（　　）

66. 原材料筛选的目的是去除配合剂中的机械杂质和本身的粗粒子。（　　）

67. 天然橡胶的综合性能是所有橡胶中最好的。（　　）

68. 炼胶时发现异常现象可自行处理,然后继续作业。（　　）

69. 生胶或未硫化胶在停放过程中因为自身重量而产生流动的现象叫冷流性。（　　）

70. 生胶开炼机塑炼时,其分子断裂是以机械断裂为主。（　　）

71. 密炼机塑炼效果好于开炼机塑炼。（　　）

72. 采用合理的加药顺序,使用不溶性硫黄都可减少喷硫现象。（　　）

73. 包辊和粘辊是一回事。（　　）

74. 密炼机转速直接影响密炼机的生产能力、功率消耗、胶料质量。（　　）

75. 炭黑用量较多的配方可采用分段混炼。（　　）

76. 由于硫黄加入易产生焦烧现象,所以硫黄应在最后加入,并控制排胶温度和停放温度。（　　）

77. 对于可塑度要求很高胶料,可以采用增加塑炼时间来提高可塑度。（　　）

78. 快检试样在胶料三个不同部位取试样,才能全面反映胶料质量。（　　）

79. 相比于过氧化物硫化,硫黄硫化的胶料耐老化性好,但强度低。（　　）

80. 生胶在密炼机中塑炼,其分子链断裂形式是以机械断裂为主。（　　）

81. 提高密炼机转子转速能成比例地加大胶料的切变速度,从而缩短混炼时间,提高效率。（　　）

82. 在胶料同一部位取试样,也能全面反映胶料快检结果是否符合要求。（　　）

83. 塑炼过程中分子量下降,弹性下降,物理机械性能也下降。（　　）

84. 塑炼后、混炼后胶料冷却目的是相同的。（　　）

85. 为了防止炭黑飞扬,应将油料与炭黑搅拌后一起加入。（　　）

86. 所有的天然橡胶都需要烘胶。（　　）

87. 烘胶时生胶块之间应稍有空隙,使其受热均匀。（　　）

88. 干燥的目的是除去或减少配合剂中所含的水分或低挥发性物质。（　　）

89. 影响开炼机塑炼效果的因素包括操作工的操作熟练程度。（　　）

90. 开炼机的薄通塑炼法的优点是生产效率高。（　　）

91. 开炼机塑炼的时候辊温越高塑炼效果越好。(   )

92. 合成橡胶具有较好的塑炼效果,易于获得所需要的可塑性。(   )

93. 混炼的分散程度不足会导致胶料的门尼黏度升高。(   )

94. 开炼机混炼时,橡胶的黏度越低,对炭黑的润湿性就越好,吃粉也越容易。(   )

95. 开炼机混炼时,炭黑粒子越细,结构越高,越容易吃粉。(   )

96. 合理的装胶量是在辊距一般为 3~6 mm 下两辊之间保持适当的堆积胶为准的。(   )

97. 在开炼机混炼下片后,胶片温度在 40 ℃以下方可叠层堆放。(   )

98. 胶料混炼不好,影响最大的工序是挤出。(   )

99. 包辊是开炼机混炼的前提。(   )

100. 在开炼机混炼过程中,一般来说配合剂较少并且难以分散的先加。(   )

101. 能保证成品具有良好的物理机械性能是对混炼胶的基本的要求。(   )

102. 开炼机混炼可分为润湿阶段和打开阶段。(   )

103. 开炼机混炼有一段混炼和分段混炼两种工艺方法。(   )

104. 在开炼机混炼加配合剂的时候,不能割刀。(   )

105. 开炼机炼胶时装胶容量过大,易产生过炼现象。(   )

106. 开炼机的规格使用辊筒工作部分的直径和长度来表示的。(   )

107. 在开炼机混炼中,一般情况下硫黄最后加入。(   )

108. 密炼的规格一般以混炼室工作容积和长转子的转数来表示。(   )

109. 密炼机混炼的一个优点是生产效率高。(   )

110. 混炼胶的质量检验是控制和提高混炼胶料质量的手段。(   )

111. 均一性主要是通过取样部位的不同,用科学的抽样方法来覆盖整批混炼胶的质量。(   )

112. 塑炼时间短、劳动强度低是包辊塑炼法的优点。(   )

113. 密炼机上加装胶温传感器没有多大意义。(   )

114. 密炼机在生产中,转子轴承部位的润滑油温对设备安全运行很重要。(   )

115. 胶料在终炼时,需要投放炭黑。(   )

116. 在密炼机的动、静密封装置处加机械油是为了阻止炭黑外泄。(   )

117. 开炼机辊筒冷却结构有中空冷却和钻孔冷却两种形式。(   )

118. 切胶机的类型有单刀和多刀、立式和卧式之分。(   )

119. 切胶机下面的底座上浇铸有铝垫,以保护切胶机的刀刃。(   )

120. 单刀液压切胶机的检修周期是小修不定期,中修 1 年,大修 3 年。(   )

121. 切胶机设备运转时,严禁在传送带上跨越爬行、躺坐休息。(   )

122. 切胶机停用时,切刀应悬空,切断电源,整理现场。(   )

123. 合理的炼胶容量是指根据胶料全部包前辊后,并在两辊距之间存在一定数量的堆积胶来确定。(   )

124. 开炼机炼胶中遇到有杂物掉入辊筒内的情况,可以快速用手取出来。(   )

125. 开炼机炼胶中遇到胶料粘辊,胶片拿不下来,应停车处理,不许在辊筒转动时双手去扒。(   )

126. 密炼机运行过程中可以将头伸进投料口观察和倾听混炼室中的情况。(   )

127. 原材料的准备应满足工艺要求,严格执行"准确、不错、不漏"的原则。（　　）

128. 配料工序质量的好坏,对下道工序的顺利进行影响不大。（　　）

129. 为了便于进行塑炼加工,生胶在塑炼前需要预先进行处理,此过程包括烘胶、切胶、选胶和破胶等内容。（　　）

130. 烘胶可以使生胶软化或消除结晶橡胶中的结晶,便于切割。（　　）

131. 切胶工序是将烘好的大块生胶切割成小块,便于塑炼。（　　）

132. 天然橡胶切胶胶块一般为 20～30 kg。（　　）

133. 开炼机塑炼时切胶胶块最好呈立方体形,以便破胶时能顺利进入辊缝。（　　）

134. 切胶前应先清除生胶包装的外皮以及包装塑料薄膜或清除生胶表面杂质。（　　）

135. 切好的胶块不得落地,以防污染,并且要堆放整齐。（　　）

136. 原材料质量控制的"三关"是进货关、保管关和出货关。（　　）

137. 存储原材料的库房应地面平整,便于密封不通风,以防库存产品损坏或变质。（　　）

138. 库房内可以吸烟,但要配备消防器材,以防火灾发生。（　　）

139. 原材料库房内的各类材料的发出,按照就近原则出库,即靠近门口的先发出。（　　）

140. 手动称量的缺点是生产效率低、卫生条件差、配合剂飞扬损失较大等。（　　）

141. 对于天然橡胶,一般门尼黏度在 70 以下的生胶可以不经塑炼直接用于混炼。（　　）

142. 在一定范围内,生胶的可塑度增大,有利于混炼时配合剂的混入和均匀分散。（　　）

143. 通过塑炼使橡胶长分子链断裂,变成分子量较小的、链长较短的分子结构。（　　）

144. CZ 是常用的化学塑解剂。（　　）

145. 包辊塑炼的优点是塑炼效果好,塑炼胶可塑性均匀。（　　）

146. 在一定范围内,塑炼胶可塑度随密炼机转子转速的增加而增大,塑炼时间减少。（　　）

147. 天然橡胶的分子链分布较宽且偏高,易拉伸结晶,受机械作用的剪切力大,易于断链,所以天然橡胶易于塑炼。（　　）

148. 天然橡胶塑炼后无需停放,可以直接使用。（　　）

149. 丁腈橡胶在高温塑炼条件下会生成凝胶,难以获得良好的塑炼效果。（　　）

150. 提高配合剂在胶料中的分散程度,是确保胶料质地均一和品质性能优异的关键原因。（　　）

151. 密炼机混炼可分为三个阶段,即包辊、吃粉和翻炼。（　　）

152. 硫化返原又称返硫,是胶料处于过硫化状态,胶料的性能不断下降的现象。（　　）

153. 开炼机混炼顺丁橡胶是辊温不宜超过 60 ℃。（　　）

154. 开炼机混炼时固体软化剂较难分散,所以先加。（　　）

155. 硬脂酸是炭黑的良好分散剂,故应加在炭黑之后。（　　）

五、简答题

1. 什么是橡胶?

2. 什么是硫化?

3. 硫化的三要素是什么?

4. 一个完整的硫化体系由哪三部分组成?

5. 天然橡胶机械强度高的原因是什么?

6. 橡胶塑炼的目的是什么？

7. 原材料准备工艺的"六字"原则是什么？

8. 开炼机混炼过程的三个阶段是什么？

9. 什么是增塑剂？

10. 硫化体系的作用是什么？

11. 补强填充体系的作用是什么？

12. 防护体系的作用是什么？

13. 增塑体系的作用是什么？

14. 硫化历程包括哪四个阶段？

15. 什么是硫化剂？

16. 什么是促进剂？

17. 什么是活性剂？

18. 什么是补强？

19. 什么是补强剂？

20. 什么是填充？

21. 什么是填充剂？

22. 填充剂的作用是什么？

23. 什么是返原？

24. 什么是防老剂？

25. 什么是塑炼？

26. 开炼机规格表示形式是什么？

27. 什么是正硫化？

28. 什么是焦烧？

29. 防止焦烧最直接的措施是什么？

30. 切胶的目的是什么？

31. 什么是混炼？

32. 开炼机挡胶装置的作用是什么？

33. 什么是喷霜？

34. 邵氏 A 型硬度计测定邵 A 硬度时，对试样厚度有何要求？

35. 什么是理论正硫化时间？

36. 什么是工艺正硫化时间？

37. 配合剂干燥的目的是什么？

38. 配合剂干燥的方式有哪些？

39. 原材料质量控制的"三关"是什么？

40. 什么是压延？

41. 衡量塑炼程度的指标是什么？

42. 在混炼吃粉阶段为什么不能割刀？

43. 什么是可塑度？

44. 塑炼的实质是什么？

45. 什么是机械塑炼法？

46. 什么是化学塑炼法？

47. 混炼胶的特征是什么？

48. 混炼的目的是什么？

49. 橡胶混炼过程的两个阶段是什么？

50. 橡胶混炼质量的关键因素是什么？

51. 密炼机混炼的优点是什么？

52. 原材料准备工艺的内容是什么？

53. 丁腈橡胶不能用密炼机塑炼的原因是什么？

54. 开炼机加药的方式是什么？

55. 开炼机混炼时的翻炼方法有哪些？

56. 开炼机结构的组成是什么？

57. 密炼机炼胶经过哪三个阶段？

58. 影响密炼机混炼效果的因素有哪些？

59. 什么是橡胶的疲劳老化？

60. 什么是压延效应？其原因是什么？

61. 喷霜的原因是什么？

62. 炭黑是如何分类的？

63. 胶料使用前热炼的目的是什么？

64. 什么是混炼的吃粉阶段？

65. 什么是混炼的分散阶段？

66. 开炼机混炼加料顺序对混炼胶的影响是什么？

67. 开炼机装胶容量的确定方法是什么？

68. 开炼机炼胶时天然橡胶的常规加料顺序是什么？

69. 混炼胶的补充加工主要是指什么？

70. 混炼胶片涂隔离剂的目的是什么？

六、综 合 题

1. 影响塑炼的因素有哪些？试对其作定性说明。

2. 工艺上引起喷霜的主要原因有哪些？

3. 喷霜的解决方法有哪些？

4. 生胶水分含量过高，对生胶储存和加工有什么影响？

5. 影响橡胶材料性能的主要因素有哪些？

6. 简述天然橡胶硫化体系的组成和各组分的作用。

7. 薄通法翻炼的操作要点是什么？

8. 橡胶混炼过程中对分散阶段的要求是什么？

9. 橡胶混炼过程中对湿润阶段的要求是什么？

10. 综述烘胶的目的。

11. 综述配合剂粉碎的目的。

12. 综述混炼对胶料下一步加工和制品的质量起决定性作用的原因。

13. 综述生胶塑炼效果对产品的影响。

14. 为什么说生胶的塑炼是橡胶制品生产工艺的重要工艺过程?

15. 综述开炼机塑炼的优缺点。

16. 综述密炼机塑炼的优缺点。

17. 综述表面活性剂在混炼中的作用。

18. 综述"过炼"对混炼胶质量的影响。

19. 综述混炼过程中进行翻炼的原因。

20. 需要塑炼的生胶有哪些?

21. 填料性质对混炼的影响是什么?

22. 综述开炼机混炼的特点。

23. 图1给出了典型的硫化曲线图,请在图中标明 t_{10}、t_{90} 的线段位置。

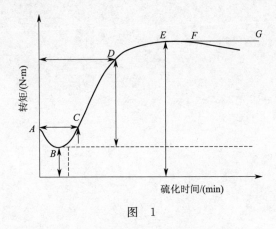

图 1

24. 混炼胶的均匀状况可以用哪些试验进行快速判断?

25. 图2中为线性橡胶(生橡胶)在恒定应力下的变形温度曲线,请说明 A、B、C 三态以及其两区过渡态各是什么,T_g、T_f、T_d 各指的是什么。

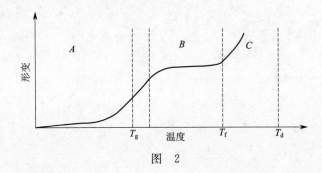

图 2

26. 综述橡胶的分类方法及分类。

27. 综述橡胶分子量对其物理机械性能和加工性能的影响。

28. 综述如何确定工艺正硫化时间。

29. 综述增塑剂的选用原则。

30. 综述配料工艺的原则是什么。

31. 综述烘胶的工艺要求有哪些。

32. 密炼机开车前应做哪些检查?

33. 综述密炼机混炼的影响因素有哪些。

34. 综述混炼胶热炼的目的是什么。

35. 用密炼机混炼某胶料时,已知密炼机容量 $V=75$ L,填充系数 $f=0.7$,胶料密度 $\rho=1.2$ g/cm^3。请计算生产一车该胶的质量。

橡胶炼胶工(初级工)答案

一、填空题

1. 高弹性	2. 天然橡胶	3. 通用	4. 各种配合剂
5. 配合	6. 高弹态	7. 炼胶	8. Goodyear
9. Honcock	10. Dunlop	11. 高弹性	12. 40
13. 外观质量	14. 化学交联	15. 自补强	16. 140 ℃×30 min
17. 抗热氧化	18. 非极性	19. 硫化	20. 补强填充
21. 防护	22. 增塑	23. 热	24. 冷
25. 143	26. 乳液	27. 焦烧	28. 硫化剂
29. 氧化锌	30. 炭黑	31. 补强作用	32. 填料
33. 聚集体	34. 物理防护	35. 半补强炉黑	36. 一次结构粒子
37. 尺寸	38. 粒径	39. 热	40. 分子链降解
41. 断裂	42. 交联	43. 硫化体系	44. 焦烧时间
45. 时间	46. 下降	47. 高	48. 化学
49. 顺丁橡胶	50. 焦烧时间足够长	51. 弹性体	52. 塑炼
53. 密炼机	54. 温度	55. 冷流	56. 减少
57. 剪切速度	58. 40	59. 生胶	60. 黏度
61. 污染	62. 包辊	63. 剪切力	64. 变小
65. 焦烧	66. 速比	67. 二分之一(或 1/2 或一半)	
68. 劳动强度小	69. 准确	70. 10~20	71. 三角棱形
72. 薄通	73. 化学塑解剂	74. 混炼	75. 分散程度
76. 润湿	77. 酸性	78. 分散	79. 捏炼
80. 质量检验	81. 喷霜	82. 70~75	83. 5~10
84. 0.5~1	85. 三分之一(或 1/3)		86. 润湿
87. 称量和加料	88. 140~160	89. 140	90. 8
91. 40	92. 500±50	93. 2.0±0.2	94. 6
95. 3	96. 3	97. 6	98. 16
99. 最大交联度	100. 平行	101. 垂直	102. 单刀
103. 挡胶	104. 1	105. 质量	106. 直径
107. 手动	108. 计量	109. 长转子	110. 四棱
111. 冷却	112. 钻孔式	113. 密闭	114. 摆动式
115. 不良	116. 硫化体系	117. 玻璃	118. 热炼
119. 热塑性	120. 高	121. 物理机械性能	122. 取样部位

123. 冷却　　　　124. 隔离剂　　　125. 隔离剂　　　126. 黏弹性

127. 8　　　　　128. 生胶　　　　129. 分散效果　　130. 冷流性

131. 生胶　　　　132. 造粒　　　　133. 小　　　　　134. 分批投料

135. 小　　　　　136. 强　　　　　137. 转子转速　　138. 生胶

139. 分散剂　　　140. 包辊　　　　141. 包辊　　　　142. 辊温

143. 50　　　　　144. 吃粉　　　　145. 保护接地　　146. 预防为主

147. 分散程度　　148. 化学塑解剂　149. 增大　　　　150. 大

151. 断裂　　　　152. 60　　　　　153. 减缓老化　　154. 当时

155. 清洗设备　　156. 缩短　　　　157. 防潮

二、单项选择题

1. D	2. B	3. D	4. D	5. C	6. B	7. D	8. D	9. A
10. B	11. B	12. A	13. D	14. A	15. D	16. C	17. B	18. C
19. B	20. D	21. B	22. A	23. C	24. B	25. C	26. B	27. A
28. A	29. B	30. C	31. B	32. A	33. D	34. C	35. B	36. A
37. C	38. B	39. B	40. D	41. B	42. A	43. B	44. C	45. A
46. D	47. A	48. B	49. A	50. D	51. B	52. D	53. C	54. C
55. B	56. A	57. B	58. C	59. D	60. D	61. D	62. C	63. A
64. C	65. B	66. A	67. C	68. D	69. C	70. A	71. C	72. C
73. C	74. A	75. B	76. A	77. C	78. B	79. C	80. B	81. D
82. D	83. D	84. A	85. C	86. D	87. A	88. B	89. B	90. A
91. D	92. B	93. B	94. C	95. A	96. C	97. C	98. B	99. C
100. A	101. C	102. C	103. B	104. A	105. D	106. B	107. A	108. D
109. B	110. A	111. B	112. D	113. D	114. D	115. D	116. C	117. A
118. B	119. B	120. A	121. A	122. C	123. C	124. B	125. D	126. A
127. D	128. B	129. C	130. D	131. B	132. A	133. C	134. B	135. D
136. B	137. B	138. C	139. A	140. B	141. B	142. B	143. A	144. B
145. A	146. A	147. C	148. A	149. C	150. A	151. B	152. A	153. B
154. A	155. D	156. C						

三、多项选择题

1. AD	2. CD	3. AB	4. ABC	5. ABD	6. AC	7. ABC
8. BCD	9. ABD	10. AB	11. AB	12. ABC	13. ABCD	14. AD
15. ABC	16. AC	17. BC	18. CD	19. AB	20. ACD	21. ABC
22. AC	23. CD	24. ABD	25. ABD	26. AC	27. ABD	28. ABC
29. ABC	30. ABCD	31. ABC	32. AB	33. ABCD	34. ABCD	35. BC
36. ABCD	37. AB	38. ABC	39. ACD	40. ABCD	41. BCD	42. ACD
43. ABCD	44. ABC	45. ABC	46. ABD	47. ABCD	48. ABCD	49. CD
50. ABD	51. ABC	52. BC	53. ABCD	54. BC	55. ABC	56. ABCD

57. ABCD　58. ABC　59. ABCD　60. ACD　61. BC　62. ABC　63. AC
64. ABCD　65. ABCD　66. ABCD　67. BCD　68. ABCD　69. ACD　70. BCD
71. ACD　72. AB　73. ABD　74. AB　75. ABD　76. CD　77. BC
78. ABD　79. ACD　80. ABC　81. ABD　82. BD　83. ABCD　84. BCD
85. ABCD　86. BD　87. ABC　88. AC　89. BC　90. ABCD　91. AC
92. AB

四、判 断 题

1. ×　2. √　3. ×　4. ×　5. √　6. √　7. √　8. √　9. ×
10. √　11. √　12. ×　13. √　14. √　15. √　16. √　17. √　18. √
19. ×　20. √　21. √　22. ×　23. √　24. √　25. √　26. √　27. √
28. ×　29. ×　30. √　31. √　32. √　33. √　34. √　35. √　36. √
37. √　38. √　39. √　40. ×　41. √　42. √　43. ×　44. √　45. √
46. ×　47. √　48. √　49. √　50. √　51. √　52. √　53. √　54. √
55. ×　56. √　57. √　58. √　59. √　60. √　61. √　62. √　63. √
64. √　65. √　66. √　67. √　68. √　69. √　70. √　71. √　72. √
73. ×　74. √　75. √　76. √　77. √　78. √　79. √　80. √　81. √
82. ×　83. √　84. √　85. √　86. √　87. √　88. √　89. √　90. √
91. ×　92. √　93. √　94. √　95. √　96. √　97. √　98. √　99. √
100. √　101. √　102. √　103. √　104. √　105. ×　106. √　107. √　108. √
109. √　110. √　111. √　112. √　113. √　114. √　115. √　116. √　117. √
118. √　119. ×　120. √　121. √　122. √　123. √　124. √　125. √　126. √
127. √　128. √　129. √　130. √　131. √　132. √　133. √　134. √　135. √
136. √　137. √　138. √　139. √　140. √　141. ×　142. √　143. √　144. √
145. ×　146. √　147. √　148. ×　149. √　150. √　151. ×　152. √　153. ×
154. √　155. ×

五、简 答 题

1. 答:定义:橡胶是一种材料(2分),它在大的形变下能迅速而有力恢复其形变(2分),能够被改性(1分)。

2. 答:硫化又称交联(1分),是指橡胶的线形分子在一定条件下发生物理或化学作用(2分),形成三维网状结构的过程(2分)。

3. 答:硫化三要素是温度、时间、压力。(答对1个得2分,全对得5分)

4. 答:一个完整的硫化体系由硫化剂、活化剂和促进剂三部分组成。(答对1个得2分,全对得5分)

5. 答:天然橡胶机械强度高的原因在于它是自补强橡胶(2分),当拉伸时会使大分子链沿应力方向取向形成结晶(3分)。

6. 答:塑炼目的:为了获得工艺要求的可塑性(1分),使混炼过程中橡胶与配合剂易于混合而且分散均匀(1分),在压延时胶料易于渗入纤维(1分),在挤出和成型时容易操作(1分),

胶料的溶解性和黏着性得以提高,并且获得适当的流动性(1分)。

7. 答:准确、不错、不漏。(答对1个得2分,全对得5分)

8. 答:包辊、吃粉、翻炼。(答对1个得2分,全对得5分)

9. 答:增塑剂又称为软化剂(1分),是指能够降低橡胶分子链间的作用力(1分),改善加工工艺性能(1分),并能提高胶料的物理机械性能(1分),降低成本的一类低分子量化合物(1分)。

10. 答:硫化体系使橡胶由线形变成网状(2分),可提高胶料的强度(1分)、稳定产品尺寸和形状(2分)。

11. 答:补强填充体系的作用是提高橡胶的力学性能(2分),改善加工工艺性能(1分),增大体积(1分),降低成本(1分)。

12. 答:防护体系通过化学作用(2分)、物理作用(2分),延长制品寿命(1分)。

13. 答:增塑体系的作用是增大胶料流动性(2分),降低胶料黏度(1分),改善加工性能(1分),降低成本(1分)。

14. 答:硫化历程包括焦烧期、热硫化期、平坦硫化期、过硫化期四个阶段。(答错1个扣1分,全错扣5分)

15. 答:在一定的条件下(1分),使橡胶分子由线形结构变为网状结构的物质称为硫化剂(4分)。

16. 答:在硫化过程中既能降低硫化温度(2分)、缩短硫化时间(1分)、减少硫黄用量(1分),又能改善硫化胶物理性能的物质称为促进剂(1分)。

17. 答:在硫化过程中能提高促进剂的活性(2分)、减少促进剂的用量(1分)、缩短硫化时间(1分),并可提高硫化胶强度的物质称为活性剂(1分)。

18. 答:补强是指能使橡胶的拉伸强度(1分)、撕裂强度(1分)及耐磨耗性(1分)同时获得明显提高的作用(2分)。

19. 答:补强剂是指在胶料中主要起到补强作用(3分),即提高橡胶物理机械性能的物质称为补强剂(2分)。

20. 答:在胶料中加入某种物质,能增大胶料的体积(1分)、降低成本(2分)而又不明显影响胶料性能的行为称为填充(2分)。

21. 答:在胶料中主要起增容作用(2分),即增加制品体积(1分),降低制品成本的物质称为填充剂(2分)。

22. 答:填充剂可起到增大体积(0.5分)、降低成本(0.5分)、改善加工工艺性能(1分),如减少半成品收缩率(1分)、提高半成品表面光滑性(1分)、提高硫化胶硬度及定伸应力等作用(1分)。

23. 答:返原是指胶料达到正硫化后再继续硫化(2分),交联键裂解(1分),交联密度下降(1分),使胶料性能下降(1分)的现象。

24. 答:防老剂是指能够延缓(2分)或者阻滞老化反应(1分),延长橡胶或者橡胶制品使用寿命的物质(2分)。

25. 答:塑炼是在机械应力(0.5分)、热(0.5分)、氧(0.5分)或者塑解剂(0.5分)的作用下,使生胶由强韧的弹性状态转变为柔软的塑性状态的过程(3分)。

26. 答:开炼机规格用辊筒(1分)工作部分的直径(2分)和长度(2分)表示。

27. 答:正硫化在工业上又称为最宜硫化(2分),是橡胶制品性能达到最佳值时的硫化状态(3分)。

28. 答:混炼胶在加工工序或停放过程中出现的早期硫化现象,称为焦烧(5分)。

29. 答:防止焦烧的最直接措施是在配方中加入防焦剂(5分)。

30. 答:切胶的目的是:1)便于生胶的称量;2)便于生胶的投料;3)保护设备。(答对1个得2分,全对得5分)

31. 答:混炼是将各种配合剂(2分)加入到具有一定塑性的生胶中(2分)制成质量均匀的混炼胶的过程(1分)。

32. 答:调整炼胶的宽度(3分),并防止胶料进入辊筒与轴承的缝隙中(2分)。

33. 答:喷霜是一种由于配合剂从胶料中喷出(2分),在胶料表面形成的一层类似白霜的现象(3分)。

34. 答:使用邵氏A型硬度计测定硬度时,试样的厚度至少6 mm(3分)。对于厚度小于6 mm的薄片,为得到足够的厚度,试样可以由不多于3层叠加而成(2分)。

35. 答:胶料从加入模具中受热开始到转矩达到最大值所需要的时间(5分)。

36. 答:胶料从加入模具中受热开始到转矩达到M_{90}所需要的最短时间(5分)。

37. 答:除去或者减少配合剂中所含的水分(3分)和低挥发性物质(2分)。

38. 答:连续干燥、间歇干燥、微波干燥。(答对1个得2分,全对得5分)

39. 答:进货关、保管关、出货关。(答对1个得2分,全对得5分)

40. 答:压延是将混炼胶在压延机上(1分)制成胶片或与骨架材料制成胶布半成品的工艺过程(2分),它包括压片(0.5分)、贴合(0.5分)、压型(0.5分)和纺织物挂胶(0.5分)等作业。

41. 答:衡量塑炼程度的指标是可塑度(5分)。

42. 答:粉料配合剂会浸入辊筒和胶层的内表面之间(1分),使胶料脱辊(1分)。同时粉料通过辊缝(1分),被挤压成硬片洒落在接料盘中(1分),造成混炼困难(1分)。

43. 答:可塑度是表示橡胶流动性大小的物理指标(5分)。

44. 答:塑炼的实质是通过塑炼使橡胶的长分子链断裂(3分),变成分子量较小的(1分)、链长较短的分子结构(1分)。

45. 答:机械塑炼法是采用开炼机(1分)、密炼机(1分)、螺杆塑炼机(1分)等的机械作用切断分子链而获得生胶可塑性(2分)。

46. 答:化学塑炼法是在化学药品作用下(2分),使橡胶大分子链断裂(1分),而达到塑化的目的(1分)。在机械塑炼时加入塑解剂就属于这种方法(1分)。

47. 答:混炼胶的特征是各种配合剂分散于生胶中组成的"胶态"分散体系(3分),这种体系结构复杂,生胶为连续相(1分),配合剂是分散相(1分)。

48. 答:制成质量均匀的混炼胶(1分),为后续成型加工做好准备(1分);提高橡胶制品的使用性能(1分);改善加工工艺性能(1分);节约生胶及降低成本(1分)。

49. 答:混炼的两个阶段是湿润阶段(2.5分)和分散阶段(2.5分)。

50. 答:关键因素是橡胶的可塑性(2.5分)和混炼温度(2.5分)。

51. 答:密炼机塑炼具有装胶容量大、混炼时间短、生产效率高、劳动强度小、粉尘飞扬小、操作安全六大优点。(至少列举5点,每点1分,共5分)

52. 答:生胶的准备;配合剂的准备加工;配合剂的存储保管;配合剂的称量和配合;配合剂的外观鉴别方法和质量标准。(答对1个得1分)

53. 答:在密炼机温度下,丁腈橡胶不但不能获得塑炼效果(3分),反而导致凝胶的生成(2分)。

54. 答:混炼加药方法按照配方中含胶率多少分为抽胶加药法(2.5分)和换胶加药法(2.5分)。

55. 答:薄通法、三角包法、斜刀法、打扭法、割刀法、打卷法。(至少列举5点,每点1分,共5分)

56. 答:主机部分和传动部分。(答对1个得2.5分)

57. 答:润湿、分散、捏炼。(答对1个得2分,全对得5分)

58. 答:密炼机混炼效果的好坏除了加料顺序外,主要取决于混炼温度(1分)、装胶容量(1分)、转子转速(1分)、混炼时间(1分)与上顶栓压力(1分)。

59. 答:指在多次变形条件下,使橡胶大分子发生断裂或者氧化(2分),结果使橡胶的物性及其他性能变差(2分),最后完全丧失使用价值,这种现象称为疲劳老化(1分)。

60. 答:压延效应是指压延后的胶片在平行和垂直于压延方向上出现性能各向异性的现象(2分)。原因:橡胶大分子链的拉伸取向(1分);形状不对称的配合剂粒子沿压延方向的取向(2分)。

61. 答:喷霜的主要原因:生胶塑炼不充分(1分),混炼温度过高(1分),混炼胶停放时间过长(1分),硫黄等配合剂用量超过了其在胶料中的溶解度(1分),配合剂选用不得当(1分)等。

62. 答:按制法分为炉法炭黑(1分)、槽法炭黑(1分)、热裂法炭黑(1分)、新工艺炭黑(1分);按作用分为硬质炭黑(0.5分)、软质炭黑(0.5分)。

63. 答:热炼的目的主要是使胶料柔软获得热塑性(2分),同时也可使胶料均匀(1分),稍能提高胶料可塑度(1分),使胶温符合压延或挤出工艺要求(1分)。

64. 答:橡胶渗入到炭黑聚集体的空隙中(2分),形成浓度很高的炭黑—橡胶团块(1分),分布在不含炭黑的橡胶中的过程叫吃粉阶段(1分),又称润湿阶段(1分)。

65. 答:浓度很高的炭黑—橡胶团块在很大的剪切力下被搓开(2分),团块逐渐变小(1分),直到充分分散的过程叫分散阶段(2分)。

66. 答:合适的加料顺序有助于混炼的均匀性(2分)。若加料顺序不当,轻则影响分散均匀性(1分),重则导致脱辊、过炼,甚至引起焦烧(1分),使操作难以进行,胶料性能下降(1分)。

67. 答:根据炼胶机规格计算出理论装胶容量(1分),再根据实际情况加以确定(1分);填料量较多、密度大的胶料以及合成橡胶胶料,装胶量可小些(2分);使用母炼胶的胶料,装胶量可大些(1分)。

68. 答:塑炼胶→固体软化剂→小料→大料→液体软化剂→硫黄、超速促进剂(5分)。

69. 答:混炼胶的补充加工主要是冷却、停放和滤胶。(答对1个得2分,全对得5分)

70. 答:为了避免胶片在停放的过程中产生粘连(3分),需要涂隔离剂进行隔离处理(2分)。

六、综 合 题

1. 答:(1)机械力(1分),越大则塑炼越快(1分);

(2)氧(1分),加速塑炼(1分);

(3)温度(1分),越高则越快(1分);

(4)化学塑解剂(1分),大大加速塑炼(1分);

(5)静电与臭氧(1分),加速塑炼(1分)。

2. 答:引起喷霜的主要原因是生胶塑炼不充分(2分);混炼温度过高(2分);混炼胶停放时间过长(2分);硫黄粒子大小不均,称量不准确等(2分)。有的也因配合剂选用不当而导致喷霜(2分)。

3. 答:对因混炼不均、混炼温度过高以及硫黄粒子大小不均所造成的胶料喷霜问题,可通过补充加工加以解决(10分)。

4. 答:生胶水分过多,贮存过程中容易发霉(3分),而且还影响橡胶的加工性能(2分),如混炼时配合剂结团不容易分散,压延、压出过程中易产生气泡(3分),硫化工程中产生气泡或海绵(2分)。

5. 答:橡胶性能主要取决于它的结构(2分),此外还受到添加剂的种类和用量(1.5分)、外界条件的影响(1.5分)。1)化学组成:单体,具有哪种官能团(1分);2)分子量及分子量分布(1分);3)大分子聚集状况:空间结构和结晶(1分);4)添加剂的种类和用量(1分);5)外部条件:力学条件、温度条件、介质(1分)。

6. 答:硫化体系包括硫黄(硫载体)(1分)、促进剂(1分)、活性剂(1分)。

(1)硫黄(硫载体)的作用:提供交联(1分),使橡胶分子由线形结构变为网状结构(1分),使之具有实际使用价值(1分)。

(2)促进剂的作用:在硫化过程中能降低硫化温度(0.5分)、缩短硫化时间(0.5分)、减少硫黄用量(0.5分)、又能改善硫化胶的物理机械性能(0.5分)。

(3)活性剂的作用:活化整个硫化体系(1分)、提高硫化胶的交联密度(0.5分)、提高硫化胶的耐热老化性能(0.5分)。

7. 答:第一步:配合剂加完后,将辊距调至1~1.2 mm,使胶料通过辊缝落入接料盘中(4分)。第二步:待胶料全部通过辊缝后,将落盘胶料扭转90°上辊再进行薄通,反复进行规定次数(3分)。第三步:调大辊距约10 mm左右,让胶料包辊、下片(3分)。

8. 答:1)橡胶只有具有较高的黏度或提高切变速率,才能在炼胶时产生较大的剪切力,扯开配合剂的凝聚物,提高分散效果(5分);2)高结构炭黑可使胶料获得较高的黏度,粗粒炭黑因表面积小而内聚力低,比较容易分散(5分)。

9. 答:1)橡胶能全部包围炭黑颗粒的表面,并且渗入到炭黑凝聚体的空隙中形成高浓度的炭黑—橡胶团块(3分),因此要求橡胶应具有很好的流动性(1分);2)橡胶的黏度越低,对炭黑的湿润性就越好,吃粉也越快(3分);3)炭黑粒子越粗,结构性越低,越容易被生胶湿润(3分)。

10. 答:烘胶的目的:1)保证切胶机的安全操作和工作效率(2.5分);2)保证炼胶机的安全操作和工作效率(2.5分);3)烘去生胶表面的水分(2.5分);4)可以使生胶软化或者消除结晶橡胶中的结晶,便于切割和塑炼(2.5分)。

11. 答:颗粒度超过标准的块状或粗颗粒状配合剂,在使用前需进行粉碎,目的是使配合剂颗粒度变细(2分),增加混炼时与生胶的接触面(2分),使之容易分散均匀(2分),减少混炼操作时间(2分),提高产品物理机械性能(2分)。

12. 答:1)混炼不好,胶料会出现配合剂分散不均、胶料可塑度过低或过高、焦烧、喷霜等现象(5分);2)使压延、挤出、滤胶、硫化等工序不能正常进行,导致成品性能下降(5分)。

13. 答:1)可塑性偏小,混炼时粉状配合剂不易混入(1分),而且要增加混炼时间(1分),挤出的半成品表面粗糙(1分),收缩率大,压延胶布容易掉皮,半成品硫化时流动性差,产品容易出现缺胶、气孔等缺陷(2分);2)可塑性偏大,混炼时颗粒极小的粉状配合剂分散不均(2

分),压延时胶料容易粘辊或者粘垫布(1分),成型时变形大(1分),硫化时流失胶较多,使产品物理机械性能下降(1分)。

14. 答:1)橡胶制品加工工艺中的混炼、压延、挤出、成型和硫化的质量在一定程度上都由塑炼效果决定(5分);2)在生产管理上一般通过控制生胶和半成品的可塑性来确保橡胶加工工艺的实施和成品质量(5分)。

15. 答:优点:塑炼胶可塑性均匀(2分),热塑性小(1分),适应面宽(1分),比较机动灵活(1分),投资小(1分)。

缺点:劳动强度大(2分),生产效率低(1分),卫生条件差(1分)。

16. 答:优点:工作密封性好(1分),卫生条件好(1分);塑炼周期短(1分),生产效率高(1分);安全系数高(1分),劳动强度小(1分);易于下道工序组织连续生产(1分)、自动生产(1分)。

缺点:设备造价高(1分),占地面积大(1分)。

17. 答:表面活性剂在混炼中能润湿粒状配合剂的表面(2.5分),降低橡胶的表面张力(2.5分),增大对生胶的亲和性(2.5分),有利于配合剂的分散(2.5分)。

18. 答:(1)混炼一定时间后,若继续进行长时间混炼对提高配合剂的分散程度并不显著(5分)。

(2)过炼会破坏橡胶分子的结构,降低成品性能(5分)。

19. 答:1)由于橡胶黏度大,流动性差,混炼时胶料只沿着开炼机辊筒转动方向产生周向流动,而没有轴向流动,沿着周向流动的橡胶也仅仅是层流(3分)。因此,在胶片厚度约1/3处的紧贴辊筒表面的胶层,不能产生流动而成为"死层"(2分)。2)辊缝上部的堆积胶还会形成部分楔形"回流区"(2分)。这两个方面都会导致胶料中的配合剂分散不均匀,只有通过多次的翻炼才能破坏死层和回流区,使混炼胶均匀(3分)。

20. 答:1)大部分天然橡胶必须塑炼(3分)。2)大多数合成橡胶和某些天然橡胶品种,已经在制造过程中控制了生胶的初始可塑度,可以不塑炼(3分)。一般门尼黏度在60以下的生胶可不塑炼(1分)。3)若要求可塑度较高,现有材料满足不了要求的也可以塑炼,以进一步提高可塑度(3分)。

21. 答:填料的粒径、结构、表面性质对于混炼过程和混炼胶性质均有影响(1分),分述如下:

(1)炭黑性质对混炼过程的影响:粒径越细的填料混炼越困难,吃料慢,耗能高,生热高,分散越困难(3分)。

(2)炭黑性质对混炼胶黏度的影响:混炼胶的流动黏度在加工过程中十分重要。一般填料粒径越细、结构度越高、填充量越大、表面活性越高,则混炼胶黏度越高(3分)。

(3)填料性质对压延压出的影响:压延效应(3分)。

22. 答:1)开炼机混炼是橡胶工业中最古老的混炼方法(1分);2)生产效率低,劳动强度大,环境卫生差,操作不安全,胶料质量不高(至少列举3点,每点1分,共3分);3)灵活性大,适用于小规模、小批量、多品种的生产(2分);4)特别适合特殊胶料以及某些生热较大的合成胶和彩色胶的混炼(2分);5)在小型橡胶厂使用比较普遍(2分)。

23. 答:如图1所示。(t_{10}和t_{90}标对一个得5分)

24. 答:硬度试验和密度试验都可以快速判断混炼胶的均匀状况(4分)。从混炼胶上取几个试样,分别做硬度试验和密度试验,若测定的结果非常接近,说明胶料混炼的较均匀(3分);

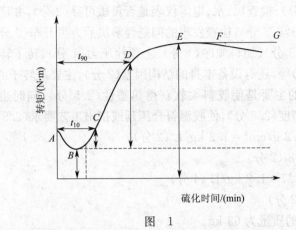

图 1

若测定的结果相差较大,说明胶料混炼的不均匀(3分)。

25. 答:(1)三态:A 表示玻璃态,B 表示高弹态,C 表示黏流态。(每个1分,共3分)

(2)两区:玻璃化转变区、黏弹转变区。(每个2分,共4分)

(3)T_g 表示玻璃化温度,T_f 表示流动温度,T_d 表示分解温度。(每个1分,共3分)

26. 答:按照来源用途分为天然橡胶和合成橡胶(2分),合成橡胶又分为通用橡胶和特种橡胶(2分);按照化学结构分为碳链橡胶、杂链橡胶和元素有机橡胶(4分);按照交联方式分为传统热硫化橡胶和热塑性弹性体(2分)。

27. 答:分子量与橡胶的性能(如强度、加工性能、流变性等)密切相关(2分)。随着分子量上升,橡胶黏度逐步增大,流动性变小,在溶剂中的溶解度降低,力学性能逐步提高(2分)。橡胶的大部分物理机械性能随着分子量而上升,但是分子量上升达到一定值后,这种关系不复存在(2分);分子量超过一定值后,由于分子链过长,纠缠明显,对加工性能不利(2分),具体反映为门尼黏度增加,混炼加工困难,功率消耗增大等(2分)。

28. 答:工艺正硫化时间是胶料从加入模具中受热开始到转矩达到 M_{90} 所需要的时间(5分)。其中 M_{90} 是由下面公式确定的:$M_{90} = M_L + (M_H - M_L) \times 90\%$(5分)。

29. 答:根据生胶的种类、加工工艺、填料的品种和用量、制品的使用性能等条件,适当选择满足要求的增塑剂,或者采用两种以上增塑剂并用(2分)。考虑因素:1)与橡胶的相容性:溶解度参数相近相容原则(2分);2)胶料的加工性能:可塑性、黏着性、对填料分散的影响(2分);3)硫化胶的物理、机械、化学性能:耐热性、耐寒性、耐溶剂性(2分);4)污染性(1分);5)成本(1分)。

30. 答:原材料的准备应满足工艺要求(1分),严格执行"准确、不错、不漏"的原则(3分),严格依据配方中规定的用量(1分),选用适当的称量工具进行称量和配合(2分),保证一定的精确程度,避免漏用和错用(1分),称量好的生胶和配合剂应按规则放置备用(2分)。

31. 答:1)生胶在进入烘胶房前要按照实验法规定取样化验(2分);2)合格后的生胶需清洗其表面杂质,才能进入烘房(2分);3)生胶不可与加热器接触,以免生胶受高温老化变质(2分);4)生胶块之间应稍有空隙,使其受热均匀(2分);5)进入烘房后的生胶应按日期、时间分别堆放,做到按顺序先烘先用(2分)。

32. 答:开车前检查安全栏杆、护罩是否齐全牢固、各种紧固件是否松动(2分);检查注油器和减速机的油位(2分);检查风、水、电等仪表是否灵敏可靠(2分),并启动加料门、上顶栓和卸料门观察是否运动正常(2分);检查发现的问题经解决后方可开车(2分)。

33. 答:装胶容量(1分)、加料顺序(1分)、上顶拴压力(1分)、转子转速(1分)、混炼温度(1分)、混炼时间(1分)等,还有设备本身的结构因素(2分),主要是转子的几何构型(2分)。

34. 答:热炼的目的主要是使胶料柔软获得热塑性(2.5分),同时也可使胶料均匀(2.5分),稍能提高胶料可塑度(2.5分),使胶温符合压延或挤出工艺要求(2.5分)。

35. 解:密度 $\rho = 1.2 \text{ g/cm}^3 = 1.2 \text{ kg/L}$(2分)

质量 $m = V \cdot f \cdot \rho$(2分)

$= 75 \text{ L} \times 0.7 \times 1.2 \text{ kg/L}$(4分)

$= 63 \text{ kg}$(2分)

答:生产一车该胶的质量为 63 kg。

橡胶炼胶工(中级工)习题

一、填空题

1. 理想的硫化曲线应满足：焦烧时间足够长、热硫化期尽可能短、（　　　）尽可能长。

2. 温度对橡胶的黏度影响很大，温度（　　　），黏度下降。

3. 温度、时间和（　　　）是硫化反应的主要因素，它们对硫化质量有决定性的影响，通常称为硫化"三要素"。

4. 氯丁橡胶储存稳定性不佳，随储存时间的延长，其门尼黏度（　　　）、焦烧时间缩短。

5. 一个完整的橡胶配方基本由以下五大体系组成：生胶、硫化体系、（　　　）、防护体系和增塑体系。

6. 橡胶在老化过程中分子结构可发生分子链断裂、分子链之间产生（　　　）、主链或者侧链改变的变化。

7. 填料的粒径、（　　　）、表面性质对于混炼过程和混炼胶性质均有影响。

8. 填料形态指一次结构的（　　　）和尺寸，这是填料的一个重要性质。

9. 常用的炭黑有高耐磨炉黑、中超耐磨炉黑、（　　　）、半补强炉黑、通用炉黑。

10. 橡胶防护的方法概括为物理防护方法和（　　　）方法。

11. 补强剂和（　　　）统称为填料。

12. 橡胶工业习惯把有补强作用的炭黑等称为（　　　）。

13. 橡胶工业习惯把基本无补强作用的无机填料称为（　　　）。

14. 橡胶工业用的主要补强剂是炭黑和（　　　）。

15. 常用的活化剂有氧化锌和（　　　）。

16. 一个完整的硫化体系包括硫化剂、（　　　）和活化剂三部分。

17. 混炼胶在加工或停放过程中产生的一种（　　　）现象叫焦烧。

18. 丁苯橡胶按聚合方法分类，可分为乳液聚合和（　　　）聚合两种。

19. 塑性保持率是指生胶在 140 ℃×30 min 加热前后（　　　）的比值。

20. 天然橡胶是一种自补强橡胶，不需要加（　　　）自身就有较高的强度。

21. 标准胶马来西亚包装重（　　　）kg，我国规定是 40 kg。

22. 橡胶是一种高弹性和（　　　）的高分子材料。

23. 不论做什么橡胶制品，均需要经过炼胶和（　　　）两个加工过程。

24. 生胶，即尚未被交联的橡胶，由线形大分子或者带支链的线形大分子构成。随着温度的变化，它有三态，即（　　　）、高弹态和黏流态。

25. 要使生胶转变为具有特定性能、特定形状的橡胶制品，要经过一系列的复杂加工过程。这个过程包括橡胶的配合及（　　　）。

26. 橡胶按照其来源可分为天然橡胶和（　　　）这两大类。

27. 合成橡胶分类为通用合成橡胶和（　　　）合成橡胶。

28. 常温下的（　　　）是橡胶材料的独有特征。

29. 1839 年，美国人（　　　）经过艰苦试验发现了橡胶硫化法，使橡胶成为有使用价值的材料。

30. 1862 年，（　　　）发明了双辊机，使橡胶的加工改性成为可能。

31. 1888 年，英国人（　　　）发明了充气轮胎。

32. 生胶即尚未被（　　　）的橡胶，由线形大分子或者带支链的线性大分子构成。

33. 天然橡胶大分子链结构单元是（　　　）。

34. 产量最大的一种合成橡胶是（　　　），其结构单元是苯乙烯和丁二烯。

35. 二元乙丙橡胶是完全（　　　）的橡胶，只能用过氧化物交联。

36. 三元乙丙橡胶主链完全饱和，但含有一定（　　　）的侧链。

37. 硫化是指橡胶的（　　　）通过化学交联而构成三维网状结构的化学变化过程。

38. 橡胶硫化的历程可分为四个阶段：（　　　）、热硫化阶段、平坦硫化阶段、过硫化阶段。

39. 促进剂可以（　　　）硫化温度、缩短硫化时间、减少硫黄用量，又能改善硫化胶的物理性能。

40. 炭黑按制造方法可分为炉法炭黑、槽法炭黑、热裂解炭黑、（　　　）。

41. 白炭黑的化学成分是（　　　），可分为气相法和沉淀法两大类。

42. 橡胶发生老化的主要因素有（　　　）、光氧老化、臭氧老化和疲劳老化。

43. 橡胶的增塑实际上就是增塑剂低分子与橡胶高分子聚合物形成分子分散的溶液，增塑剂可看作是橡胶的（　　　）。

44. 橡胶中常用的增塑剂有（　　　）增塑剂、煤焦油系增塑剂、松焦油系增塑剂、脂肪油系增塑剂、合成增塑剂。

45. 橡胶共混物的形态结构可分为（　　　）结构、单相连续结构、两相连续结构。

46. 橡胶的配方设计就是根据产品的（　　　）和工艺条件，合理地选用原材料，制订各种原材料用量和配比关系。

47. 橡胶工业中常用的混炼方法分为两种：（　　　）和连续式混炼。

48. 硫化可分为室温硫化和（　　　）硫化，后者分为直接硫化和间接硫化。

49. 配料工艺是保证（　　　）和保证产品质量的第一关。

50. 天然橡胶中包含的非橡胶成分有（　　　）、丙酮抽出物、少量灰分和水分。

51. 目前所有通用橡胶中，弹性最好的橡胶是（　　　）。

52. 目前所有通用橡胶中，气密性最好的橡胶是（　　　）。

53. 丁腈橡胶根据丙烯腈的含量可分为极高 CAN 含量、高 CAN 含量、中高 CAN 含量、（　　　）和低 CAN 含量五类。

54. 促进剂按结构可分为（　　　）、二硫代磷酸盐类、秋兰姆类、二硫代氨基甲酸盐类、黄原酸盐类、次磺酰胺类、硫脲类、醛胺类和胍类九类。

55. 促进剂按 pH 值可分为酸性、（　　　）和碱性三类。

56. 促进剂按硫化速度可分为慢速促进剂、中速促进剂、（　　　）促进剂、超速促进剂和超超速促进剂五类。

57. 促进剂 CZ 是（　　　）速级促进剂。

58. 促进剂 TMTD 是（　　）速级促进剂。

59. 橡胶硫化的本质是（　　）交联。

60. 平衡硫化体系具有优良的（　　）性能和耐疲劳性能。

61. 交联效率参数 E 越大，交联效率越（　　）。

62. 天然橡胶热氧老化后表观表现为（　　）。

63. 顺丁橡胶热氧老化后表现为（　　）。

64. 链终止型防老剂根据其作用方式可分为加工反应型、防老剂与橡胶单体共聚型和（　　）三类。

65. 胺类和酚类防老剂属于（　　）防老剂。

66. 当防老剂并用时，可产生对抗效应、加和效应和（　　）效应。

67. 填料的活性越高，橡胶的耐疲劳老化性越（　　）。

68. 炭黑的结构度越高，形成的包容橡胶越多，胶料的黏度越（　　）。

69. 根据制法不同，白炭黑分为（　　）白炭黑和沉淀法白炭黑。

70. 胶料中填充炭黑会使其电阻率下降，炭黑的粒径越小、结构度越高、表面挥发分大、炭黑用量大，电阻率越（　　）。

71. 生胶塑炼前的准备工作包括选胶、烘胶和（　　）处理过程。

72. 开炼机混炼时前后辊温度应保持 5～10 ℃温差，天然橡胶易包（　　）辊。

73. 为减小挠度对压延半成品宽度方向上厚度不均匀的影响，通常采用三种补偿方法，即凹凸系数法、（　　）和辊筒预弯曲法。

74. 压延和压出时胶料均需热炼，热炼包括粗炼和细炼两个阶段，粗炼的目的是使胶料变软，获得（　　）。

75. 根据胶料在单螺杆中的运动情况，可将螺杆的工作部分分为（　　）、压缩段和挤出段三段。

76. 胶料经过冷却后一般需要停放（　　）h 以上才能使用。

77. 将各种配合剂加入到具有一定塑性的生胶中制成质量均匀的（　　）的过程称为混炼。

78. 开炼机混炼的前提是（　　）。

79. 密炼机密封装置的作用是避免填料飞扬，防止（　　）。

80. 生胶的加工包括洗胶、烘胶、（　　）、破胶、塑炼五个工序。

81. 开炼机规格用辊筒工作部分的直径和（　　）来表示。

82. 开炼机调距装置的结构形式分为手动、（　　）和液压传动三种。

83. 切胶机的类型有单刀和（　　）、立式和卧式之分。

84. 开炼机的挡胶装置可以调整炼胶时胶片的（　　），同时可以防止胶料进入辊筒与轴承的缝隙中。

85. 密炼机的规格一般以混炼室（　　）和长转子的转数来表示的。

86. 密炼机排料装置的结构形式有（　　）和摆动式两种。

87. 切胶机下面的底座上浇铸有（　　），以保护切胶刀刀刃。

88. 开炼机最重要的工作部件，并且是直接完成炼胶技术过程的主要部件是（　　）。

89. 开炼机在使用过程中，由于手工操作多、工作负荷大、操作不当很容易发生人身及机械事故,所以需要装设( )装置。

90. 开炼机的安全拉杆切断电源后,电动机因惯性转动而使开炼机辊筒不能立即停转,制动装置的作用就是要克服电动机的惯性转动,使开炼机( )。

91. 开炼机制动方法通常采用( )控制制动法。

92. 开炼机的( )装置用于调整辊筒之间的距离。

93. 开炼机辊筒的温度调节有开式调温机构和( )调温机构。

94. 对同一机台来说,速比和辊筒线速度是一定的,可通过( )的方法来增加速度梯度,从而达到增加对胶料的剪切作用。

95. 开炼机后辊筒的线速度与前辊筒的线速度之比称为( )。

96. 开炼机辊筒的( ),是根据加工胶料的工艺要求选取的,是开炼机的重要参数之一。

97. 合理的炼胶容量是指根据胶料全部包前辊后,并在两辊距之间存在一定数量的( )来确定。

98. 对大部分橡胶胶料,硫化温度每增加( )℃,硫化时间缩短 1/2。

99. 一段排胶温度过高,过早地加入( )且操作时间过长等因素会造成胶料产生焦烧。

100. 焦烧阶段是热硫化开始前的( )作用时间,相当于硫化反应中的诱导时间,也称焦烧时间。

101. 混炼的方法一般可分为密炼机混炼、( )混炼和连续混炼。

102. 门尼黏度是指未硫化胶在一定温度、压力和( )内的抗剪切能力,反映胶料的可塑度和流动性。

103. 影响橡胶黏度的最重要因素:分子量、( )和剪切速度。

104. 混炼过程主要是各种( )在生胶中的混合和分散的过程。

105. 基本配方是以质量份数来表示的配方,即以( )的质量为 100 份,其他配合剂用量都以相应的质量份数表示。

106. 开炼机混炼过程包括包辊、( )、翻炼。

107. 通过对亲水性配合剂表面进行化学改性,可以提高其在橡胶中的( )。

108. 包辊状态的影响因素有辊温、切变速率和( )的特性。

109. 开炼机混炼顺丁橡胶的时候,当辊温超过( )℃时,易发生脱辊、破裂现象。

110. 开炼机混炼时,吃粉是( )混入胶料的过程。

111. 橡胶受外力压缩时,反抗( )叫硬度。

112. 密炼机混炼效果的好坏除了加料顺序外,主要取决于混炼温度、装胶容量、转子转速、( )与上顶栓压力。

113. 补强填充剂粒径越小,比表面积( ),越难分散。

114. 由于炭黑在胶料中的用量大,为获得良好的分散性,可采用( )的办法。

115. 改善氧化锌混炼分散的方法有四种:( )、造粒、母炼和选择合适的加料方式。

116. 混炼胶的补充加工主要是指冷却、( )和滤胶。

117. 通常采用的混炼胶的检查项目可分为四类:分散度检查、均匀度检查、( )性能检查和物理机械性能检查。

118. 邵氏硬度计数值由 0～100 来表示,玻璃硬度为( ),以此作为标准。

119. 由于配合剂喷出胶料表面形成的一层类似白霜的现象叫( )。

120. 密炼机转子的冷却方式可分为喷淋式和( )两种。

121. 密炼机混炼室的冷却方式有( )、水浸式、夹套式和钻孔式四种。

122. 密炼机椭圆转子按其螺旋突棱的数目不同,可分为( )转子和四棱转子。

123. 开炼机的规格表示方法中 XK-400,其中 400 表示开炼机辊筒工作部分的( )是400 mm。

124. 开炼机的最主要的工作零部件是( ),它是直接参与完成炼胶作业部分的。

125. 开炼机辊筒的工作表面应具有较高的硬度、( )、耐化学腐蚀性和抗剥落性。

126. 开炼机辊筒的材料一般采用( )。

127. 开炼机辊筒结构有两种,一种为( )结构,另一种为圆周钻孔结构。

128. 开炼机的主要零部件有辊筒、辊筒轴承、( )和安全制动装置。

129. 开炼机操作的时候发现胶料中有杂质,不能用手捏取,应当( )。

130. 开炼机的几个重要的工作参数有辊速、( )和速度梯度。

131. 辊速是指辊筒工作时的( )速度。

132. 一般开炼机后辊筒的线速度与前辊筒的线速度之比称为( )。

133. 开炼机的速度梯度值与辊距大小有关,辊距减小,速度梯度( ),炼胶效果好。

134. 为了便于进行塑炼加工,生胶在塑炼之前需要预先进行处理,此过程包括( )、切胶、选胶和破胶等内容。

135. 烘胶可以使生胶软化或消除结晶橡胶中的( ),便于切胶。

136. 烘胶设备包括( )、烘箱、红外线和高频电流等。

137. 切胶时切好的胶块不得落地,以防( ),并且要堆放整齐。

138. 天然橡胶切胶时胶块一般为( )kg。

139. 干燥的目的是除去或减小配合剂中所含的( )和低挥发性物质。

140. 配合剂粉碎时,块状古马隆树脂不得大于( )g/块。

141. 配合剂粉碎时,块状石蜡不得大于( )g/块。

142. 配合剂的干燥方式有连续干燥、( )和微波干燥。

143. 原材料出库管理中各类材料的发出,原则上采用( )法。

144. 原材料存储中离热源的最短距离是( )米。

145. 原材料存储中离地面的最短距离是( )米。

146. 开炼机的塑炼工艺方法分为四类:( )塑炼法、包辊塑炼法、分段塑炼法和化学塑解剂塑炼法。

147. 用于塑炼加工的开炼机辊筒速比一般是在( )之间。

148. 丁苯橡胶塑炼的温度应控制在( )℃以下,温度过高会发生交联或支化,降低塑炼性。

149. 表面活性剂在混炼中能润湿粒状配合剂的表面,降低橡胶的表面张力,增大对生胶的亲和性,有利于配合剂的( )。

150. 提高配合剂在胶料中的( ),是确保胶料质地均一和制品性能优异的关键原因。

151. 堆积胶量的多少常用接触角来衡量,接触角一般取值为( )。

152. 开炼机进行翻炼的方法有( )、打卷或三角包、薄通等。

153. 对出现焦烧的胶料要及时进行处理,轻微焦烧的胶料,可用低温(　　　),恢复其可塑性。

154. 橡胶测试试样调节的标准试验温度为 23 ℃时,相对湿度为(　　　)。

155. 试验与硫化之间的时间间隔,如果没有别的规定,所有橡胶物理试验,硫化与试验之间的时间间隔最短是(　　　)h。

156. 试验与硫化之间的时间间隔,产品试验,在可能的情况下,试验与硫化之间的时间间隔不得超过(　　　)个月。

157. 使用邵氏 A 型硬度计测定(　　　)时,试样的厚度至少为 6 mm。

158. 胶料硫化特性试验的结果计算公式,t_{10} 所对应的转矩 $= M_L + (M_H - M_L) \times 10\%$,那 t_{90} 所对应的转矩 $=$(　　　)。

159. 硫化橡胶或热塑性橡胶恒定压缩变形测定时,当橡胶国际硬度值为 10~80 时,压缩率为(　　　)%。

160. 拉伸性能试验试样,Ⅰ型试样应从厚度为(　　　)mm 的硫化胶片上裁切。

161. 拉伸性能试验试样裁切的方向,应保证其拉伸受力方向与(　　　)方向一致。

162. 防焦剂的作用是增加(　　　)时间。

163. 橡胶配方中起补强作用的是(　　　)。

164. 切胶机出现停止系统故障仍能起到保护作用的部件是(　　　)开关。

165. 在混炼中,加料顺序不当最严重的的后果是导致(　　　)。

166. 衡器是衡量各种物质(　　　)的剂量器具或者设备。

二、单项选择题

1. 下列工序不属于配料工艺的是(　　　)。
(A)配合剂称量　　　(B)切胶　　　　　(C)树脂粉碎　　　　　(D)原材料检验

2. 称量前要求配合剂可以不具备的条件是(　　　)。
(A)纯度和杂质含量要符合国家标准　　　(B)水分含量要低,没有挥发性物质
(C)便于称量配合　　　(D)粒度要低于 50 目,便于分散

3. 粉碎工艺不可以(　　　)。
(A)使配合剂的粒度变细　　　(B)除去配合剂中的杂质
(C)增加混炼时与生胶的接触面　　　(D)减少混炼时间

4. 下列产品在配合剂抽检合格的情况下不必进行筛选的有(　　　)。
(A)减震垫　　　(B)防水胶布　　　(C)内胎　　　　　(D)暖水袋

5. 软化剂(　　　)的目的是使软化剂变成适宜黏度的液体,方便去除机械杂质。
(A)加热和蒸发　　　(B)过滤　　　(C)加热　　　　　(D)过滤和加热

6. 对于水分过大、挥发物过多或黏度不合格的软化剂的加工顺序是(　　　)。
(A)加热→蒸发→脱水→过滤　　　(B)蒸发→加热→脱水→过滤
(C)过滤→加热→脱水→蒸发　　　(D)脱水→加热→蒸发→过滤

7. 下列配合剂不属于小料的是(　　　)。
(A)促进剂 DM　　　(B)钛白粉　　　(C)硬脂酸　　　　　(D)防老剂 4020

8. 固体古马隆、二丁酯、凡士林、机油(　　　)油料。

(A)都属于

(B)二丁酯、机油属于油料;固体古马隆、凡士林不属于

(C)都不属于

(D)二丁酯、机油、凡士林属于油料;固体古马隆不属于

9. 准备加工中不需严格控制的项目是( )。

(A)投胶质量 (B)黏度和湿度 (C)生胶的可塑度 (D)配合剂颗粒度

10. 下列不属于烘胶目的的是( )。

(A)清除结晶 (B)杂质容易清除 (C)减少加工时间 (D)降低能耗

11. 添加了( )的混炼胶加热后可制得塑性变形减小的,弹性和拉伸强度等诸性能均优异的制品,该操作称为硫化。

(A)硫黄 (B)炭黑 (C)芳烃油 (D)促进剂

12. 重 50 kg 以下的氯丁胶的烘胶条件应为( )。

(A)24~40 ℃;24~36 h (B)60~70 ℃;24~36 h

(C)50~70 ℃;4~6 h (D)24~40 ℃;4~6 h

13. 国产烟片胶一般每包装块质量( )。

(A)60 kg (B)50 kg (C)40 kg (D)30 kg

14. 在切胶工艺中,切后的天然胶质量一般为( )。

(A)5~10 kg (B)5~15 kg (C)10~15 kg (D)10~20 kg

15. 一般情况下,烟片胶的外皮胶质量比内部胶的质量( )。

(A)高 (B)低 (C)相等 (D)不一定

16. 凡能( )硫化时间,( )硫化温度,( )硫化剂用量,提高和改善硫化胶力学性能和化学稳定性的化学物质称之为促进剂。上述答案是( )。

(A)缩短、升高、减少 (B)延长、降低、减少

(C)延长、升高、增加 (D)缩短、降低、减少

17. 在开炼机上破胶辊距为( )。

(A)1.5~2 mm (B)2~2.5 mm (C)2.5~3 mm (D)3~3.5 mm

18. 下列设备不属于粉碎机械的是( )。

(A)刨片机 (B)球磨机 (C)裁断机 (D)砸碎机

19. 与圆盘粉碎机特点无关的是( )。

(A)结构简单、效率高 (B)加工时无粉尘飞扬

(C)操作维修方便 (D)劳动强度低

20. 不属于鼓式筛选机主要部件的是( )。

(A)毛刷 (B)桶内叶片 (C)铜网 (D)干燥室

21. 洗胶机与开炼机结构不同之处在( )上。

(A)外形 (B)冷却装置 (C)传动系统 (D)辊筒

22. 破胶时容量应适当,是为了防止( )。

(A)设备猝停 (B)增加负荷 (C)损坏设备 (D)伤人

23. 切胶前,应将胶料预热至( )左右。

(A)20 ℃ (B)25 ℃ (C)30 ℃ (D)40 ℃

24. 中小型企业用量最多的是（　　　）切胶机。

（A）电动　　　　　（B）卧式　　　　　（C）多刀　　　　　（D）单刀

25. 出现停止系统故障仍能起保护作用的部件是（　　　）。

（A）上升开关　　　（B）下降开关　　　（C）上限位开关　　　（D）下限位开关

26. 下列因素不属于生胶塑炼的条件的是（　　　）。

（A）机械应力　　　（B）塑解剂　　　　（C）臭氧　　　　　（D）热

27. 下列工艺要求中等可塑度的是（　　　）。

（A）挤出　　　　　（B）模压　　　　　（C）压延　　　　　（D）擦胶

28. 可塑度升高可导致（　　　）。

（A）配合剂难分散　　　　　　　　　　（B）胶料的溶解性下降

（C）分子量增加　　　　　　　　　　　（D）流动性提高

29. 可塑度过大，会导致混炼时颗粒（　　　）的粉状配合剂分散不均。

（A）极小　　　　　（B）较小　　　　　（C）较大　　　　　（D）巨大

30. 一般门尼黏度在（　　　）以下的生胶可不必塑炼。

（A）30　　　　　　（B）40　　　　　　（C）50　　　　　　（D）60

31. 开炼机塑炼是借助（　　　）作用，使分子链被扯断，而获得可塑度的。

（A）辊筒的挤压力和剪切力　　　　　　（B）辊筒的撕拉作用

（C）辊筒的剪切力和撕拉作用　　　　　（D）辊筒的挤压力、剪切力和撕拉作用

32. 下列是开炼机塑炼的优点的是（　　　）。

（A）卫生条件差　　（B）劳动强度大　　（C）适应面宽　　　（D）热可塑性大

33. 一般开炼机前后辊的速比是（　　　）。

（A）1：1.00～1：1.05　　　　　　　（B）1：1.05～1：1.15

（C）1：1.25～1：1.27　　　　　　　（D）1：1.27～1：1.35

34. 下列是影响开炼机塑炼的不变因素是（　　　）。

（A）辊温　　　　　（B）辊距　　　　　（C）辊速　　　　　（D）容量

35. 测定增塑剂不饱和性的方法是测其（　　　）。

（A）倾点　　　　　（B）闪点　　　　　（C）软化点　　　　（D）苯胺点

36. 二段塑炼的可塑度应在（　　　）左右。

（A）0.35　　　　　（B）0.45　　　　　（C）0.55　　　　　（D）0.65

37. 三段塑炼的可塑度应在（　　　）左右。

（A）0.35　　　　　（B）0.45　　　　　（C）0.55　　　　　（D）0.65

38. 薄通塑炼的辊距为（　　　）。

（A）0～0.5 mm　　（B）0～1 mm　　　（C）0.5～1 mm　　　（D）0.5～1.5 mm

39. 薄通塑炼法适用于（　　　）。

（A）并用胶的掺和　　　　　　　　　　（B）机械塑炼效果差的合成胶

（C）劳动强度要求低的情况　　　　　　（D）塑炼效率高的情况

40. 塑炼效果好，塑炼胶均匀度高，生产效率低的塑炼方法是（　　　）。

（A）薄通塑炼法　　　　　　　　　　　（B）包辊塑炼法

（C）分段塑炼法　　　　　　　　　　　（D）化学塑解剂塑炼法

41. 包辊塑炼法的辊距为(　　)。
(A)0.5~1 mm   (B)1~5 mm   (C)5~10 mm   (D)10~15 mm

42. 适用于并用胶的掺和及易包辊的合成橡胶的塑炼方法是(　　)。
(A)薄通塑炼法   (B)包辊塑炼法   (C)分段塑炼法   (D)化学塑解剂塑炼法

43. 塑炼时间短,操作方便,劳动强度低,但塑炼效果不够理想的塑炼方法是(　　)。
(A)薄通塑炼法   (B)包辊塑炼法   (C)分段塑炼法   (D)化学塑解剂塑炼法

44. 当塑炼胶可塑性要求较高,用包辊塑炼法或薄通塑炼法达不到目的时,而采用的一种有效方法是(　　)。
(A)薄通塑炼法   (B)包辊塑炼法   (C)分段塑炼法   (D)化学塑解剂塑炼法

45. 具有相对生产效率较高,可塑度均匀,胶料可获得较高的可塑度等优点的塑炼方法是(　　)。
(A)薄通塑炼法   (B)包辊塑炼法   (C)分段塑炼法   (D)化学塑解剂塑炼法

46. 开炼机操作,化学塑解剂塑炼法的温度应控制在(　　)。
(A)55~60 ℃   (B)60~65 ℃   (C)65~70 ℃   (D)70~75 ℃

47. 下列选项中是开炼塑炼比密炼塑炼具有的优势是(　　)。
(A)开炼塑炼时辊筒转速快   (B)开炼塑炼时设备投资小
(C)开炼塑炼时塑炼均匀   (D)开炼塑炼时摩擦生热大

48. 在炼胶机上将各种配合剂均匀加入具有一定塑性的生胶中,这一工艺过程称为(　　)。
(A)洗胶   (B)塑炼   (C)混炼   (D)配合

49. 混炼不好,影响最大的工序是(　　)。
(A)备料   (B)滤胶   (C)成型   (D)挤出

50. 既能保证成品具有良好的物理机械性能,又能具有良好的加工工艺性能是对(　　)的要求。
(A)混炼胶   (B)混炼工艺   (C)塑炼胶   (D)塑炼工艺

51. 对混炼工艺不要求的有(　　)。
(A)各种配合剂要均匀地分散于生胶
(B)胶料具有一定的可塑性
(C)保证混炼胶质量的前提下,尽可能缩短混炼时间
(D)保证生胶有足够的停放时间

52. 下列选项中不是过炼造成的是(　　)。
(A)橡胶分子被严重破坏   (B)配合剂分散不均
(C)成品性能降低   (D)能耗增加

53. 分散程度不足会导致(　　)。
(A)裂口增长减慢   (B)门尼黏度上升   (C)耐磨性提高   (D)拉伸性能提高

54. 下列不属于混炼过程的是(　　)。
(A)吃粉阶段   (B)湿润阶段   (C)分散阶段   (D)打开阶段

55. 在混炼过程中,产生浓度很高的炭黑—橡胶团块阶段称(　　)。
(A)渗透阶段   (B)湿润阶段   (C)分散阶段   (D)打开阶段

56. 混炼两阶段对黏度的要求是（　　）。
(A)第一阶段高,第二阶段低　　　　　(B)第一阶段低,第二阶段高
(C)两个阶段同样高　　　　　(D)两个阶段同样低

57. 混炼第二阶段炭黑—橡胶团的浓度（　　）的过程。
(A)变化不大　　　(B)不变　　　(C)由低变高　　　(D)由高变低

58. 混炼第二阶段需要（　　）剪切力。
(A)较大的　　　(B)较小的　　　(C)适中的　　　(D)没要求

59. 连续混炼不能普及的原因是（　　）。
(A)占地面积大　　　　　(B)称量和加料系统相当复杂
(C)设备投资大　　　　　(D)设备质量大

60. 下面各阶段不属于开炼机混炼的是（　　）。
(A)包辊阶段　　　(B)吃粉阶段　　　(C)分散阶段　　　(D)翻炼阶段

61. 接触角一般取值范围是（　　）。
(A)12°～25°　　(B)22°～35°　　(C)32°～45°　　(D)42°～55°

62. 在开炼机混炼中,胶片厚度约（　　）处的紧贴前辊筒表面的胶层,称为"死层"。
(A)1/2　　　(B)1/3　　　(C)1/4　　　(D)1/5

63. 开炼机混炼的工艺方法有（　　）。
(A)2 种　　　(B)3 种　　　(C)4 种　　　(D)5 种

64. 在混炼中,加料顺序不当最严重的后果是（　　）。
(A)影响分散均匀性　　　　　(B)导致焦烧
(C)导致脱辊　　　　　(D)导致过炼

65. 在天然橡胶混炼中最先加的材料是（　　）。
(A)硫黄　　　　　(B)配合剂用量多而容易分散
(C)促进剂　　　　　(D)配合剂量较少而且难以分散

66. 天然橡胶常规开炼机混炼时,最后加入的配合剂是（　　）。
(A)软化剂　　　(B)小料　　　(C)大料　　　(D)硫黄

67. 天然橡胶开炼机混炼时,固体古马隆和操作油应（　　）。
(A)同时加入　　　　　(B)固体古马隆先加操作油后加
(C)操作油先加固体古马隆后加　　　(D)可以不考虑二者的顺序

68. 混炼时橡胶与填料两者间的电位差越大（　　）。
(A)耗能越小,混炼效果越好　　　(B)耗能越小,混炼效果越差
(C)耗能越大,混炼效果越好　　　(D)耗能越大,混炼效果越差

69. 合理的装胶量是在辊距一般为（　　）下,以两辊间保持适当的堆积胶为准。
(A)3～5 mm　　(B)3～6 mm　　(C)4～7 mm　　(D)4～8 mm

70. 在开炼机混炼下片后,胶片温度在（　　）以下方可叠层堆放。
(A)35 ℃　　　(B)40 ℃　　　(C)45 ℃　　　(D)50 ℃

71. 切胶机下面的底座上浇铸有（　　）以保护切胶刀刀刃。
(A)铅垫　　　(B)铝垫　　　(C)紫铜垫　　　(D)高抗冲聚苯乙烯垫

72. 单刀立式液压切胶机导轨滑槽（　　）加注少量润滑脂。

（A）每月　　　　　（B）每周　　　　　（C）每天　　　　　（D）每班

73. 单刀立式液压切胶机在正常生产的情况下,每（　　）清洗换油一次。

（A）三个月　　　（B）半年　　　　（C）一年　　　　（D）三年

74. 单刀立式液压切胶机的过滤网为（　　）目。

（A）60～80　　　（B）80～100　　　（C）100～120　　　（D）120～140

75. 开炼机规格用辊筒工作部分的（　　）和长度来表示。

（A）直径　　　　（B）半径　　　　（C）周长　　　　（D）质量

76. 开炼机最重要的工作部件,也是直接完成炼胶技术过程的主要部件是（　　）。

（A）挡胶板　　　（B）机座　　　　（C）辊筒　　　　（D）传动装置

77. 一个完整的硫化体系包括（　　）。

（A）硫化剂、促进剂和活化剂　　　　（B）硫化剂和促进剂

（C）促进剂和活化剂　　　　　　　　（D）防焦剂和活化剂

78. 胶料在混炼、压延或压出操作中以及在硫化之前的停放期间出现的早期硫化称为（　　）。

（A）硫化　　　　（B）喷硫　　　　（C）焦烧　　　　（D）喷霜

79. 制品中的配合剂由内部迁移至表面的现象称（　　）,它是配合剂在胶料中形成过饱和状态或不相容所致。

（A）硫化　　　　（B）喷硫　　　　（C）焦烧　　　　（D）喷霜

80. 制品中的硫黄由内部迁移至表面的现象称（　　）,它是硫黄在胶料中形成过饱和状态或不相容所致。

（A）硫化　　　　（B）喷硫　　　　（C）焦烧　　　　（D）喷霜

81. 天然橡胶是（　　）、非极性、具有自补强性能的橡胶。

（A）饱和　　　　　　　　　　　　　（B）基本饱和

（C）不饱和　　　　　　　　　　　　（D）主链饱和,侧基不饱和

82. 天然橡胶的主要成分为顺式-1,4-聚异戊二烯,含量在（　　）以上,此外还含有少量的蛋白质、丙酮抽出物、灰分和水分。

（A）70%　　　　（B）50%　　　　（C）90%　　　　（D）95%

83. 天然橡胶的（　　）是橡胶中最好的。

（A）延展性　　　（B）综合性能　　　（C）外观　　　　（D）耐磨性

84. 由于天然橡胶主链结构是非极性,根据极性相似原理它不耐（　　）等非极性的溶剂。

（A）汽油　　　　（B）水　　　　（C）酒精　　　　（D）葡萄糖

85. 橡胶的丙酮抽出物主要成分是（　　）物质。

（A）不饱和脂肪酸和固醇类　　　　　（B）不饱和脂肪酸和非固醇类

（C）脂肪酸和亚油酸　　　　　　　　（D）脂肪酸和固醇类

86. 天然橡胶中含水量过多,生胶易霉变,硫化时会产生海绵等,但（　　）的水分,加工过程中可除去。

（A）小于10%　　（B）小于1%　　（C）小于5%　　（D）小于0.1%

87. 丁苯橡胶是合成橡胶中产量最大的品种,约占50%左右,它是（　　）的共聚产物,性质随苯乙烯的含量不同而变化。

(A)丁二烯与苯乙烯　　　　　　　　(B)丙烯与苯乙烯

(C)甲醛和丁二烯　　　　　　　　　(D)丙烯腈与苯乙烯

88. 二元乙丙橡胶是乙烯和丙烯的定向聚合物,主链不含双键,不能用硫黄硫化,只能用（　　）硫化。

(A)浓硫酸　　　　(B)亚硝酸　　　　(C)硫黄　　　　(D)过氧化物

89. 通常在橡胶材料中加入补强剂、硫化剂、（　　）、增塑剂、分散剂、增黏剂等,橡胶制品实际上是多种材料的复合体。

(A)发泡剂　　　　(B)促进剂　　　　(C)除味剂　　　　(D)氧化剂

90. 橡胶的加工指由生胶及其配合剂经过一系列化学与物理作用制成橡胶制品的过程:生胶的塑炼、塑炼胶与各种配合剂的混炼及成型、胶料的（　　）等。

(A)硫化　　　　(B)分解　　　　(C)氧化　　　　(D)促进

91. 生胶温度升高到流动温度时成为黏稠的液体,在溶剂中发生溶胀和溶解,必须经（　　）才具有实际用途。

(A)氧化　　　　(B)硫化　　　　(C)萃取　　　　(D)过滤

92. 线形聚合物在化学的或物理的作用下,通过化学键的连接,成为（　　）结构的化学变化过程称为硫化。

(A)线形　　　　(B)空间网状　　　　(C)菱形　　　　(D)三角形

93. 橡胶的硫化除了硫化剂外,同时还加入（　　）、助交联剂、防焦剂、抗硫化返原剂等,组成硫化体系。

(A)促进剂、氧化剂　　　　　　　　(B)活化剂、氧化剂

(C)促进剂、活化剂　　　　　　　　(D)发泡剂、氧化剂

94. 凡能提高硫化橡胶的拉伸强度、定伸强度、撕裂强度、耐磨性等物理机械性能的配合剂,均称为（　　）。

(A)促进剂　　　　(B)补强剂　　　　(C)活化剂　　　　(D)硫化剂

95. 白炭黑的补强效果随不同的橡胶而异,（　　）。

(A)对极性橡胶的补强作用比非极性橡胶的大

(B)对极性橡胶的补强作用比非极性橡胶的小

(C)对极性橡胶的补强作用与非极性橡胶的相同

(D)以上说法均不对

96. 智能控制使混炼工艺在最优条件下,生产出质量（　　）的混炼胶。

(A)均一化　　　　(B)同步化　　　　(C)统一化　　　　(D)多样化

97. 关于硫化胶的结构与性能的关系,下列表述正确的是（　　）。

(A)硫化胶的性能仅取决被硫化聚合物本身的结构

(B)硫化胶的性能取决于主要由硫化体系类型和硫化条件决定的网络结构

(C)硫化胶的性能取决于硫化条件决定的网络结构

(D)硫化胶的性能不仅取决于被硫化聚合物本身的结构,也取决于由硫化体系类型和硫化条件决定的网络结构

98. 结晶性橡胶在伸长时能取向结晶,使拉伸强度（　　）。

(A)降低　　　　(B)提高　　　　(C)有峰值　　　　(D)不确定

99. 橡胶胶料的硬度在硫化开始后即迅速增大,在正硫化点时基本达到(　　)。
(A)最小值　　　　(B)中间值　　　　(C)最大值　　　　(D)不确定

100. 烘胶可以是生胶软化或消除结晶橡胶中的(　　),便于切割。
(A)结晶　　　　(B)杂质　　　　(C)水分　　　　(D)发霉橡胶

101. 切胶工序是将烘好的大块生胶切割成小块,便于(　　)。
(A)混炼　　　　(B)塑炼　　　　(C)开炼　　　　(D)密炼

102. 保证生产顺利进行和保证产品质量的第一关是(　　)。
(A)塑炼　　　　(B)原材料检验　　　　(C)配料工艺　　　　(D)密炼工艺

103. 下列选项中不属于原材料准备工艺原则的是(　　)。
(A)准确　　　　(B)不错　　　　(C)不漏　　　　(D)整洁

104. 烘胶房的下面和侧面安装有(　　)来提供烘胶所需要的热量。
(A)蒸汽加热器　　　　　　　　(B)电热丝
(C)过热水加热器　　　　　　　(D)人造小太阳

105. 配合剂粉碎时,不得大于 10 g/块的是(　　)。
(A)石蜡　　　　(B)松香　　　　(C)固体古马隆　　　　(D)树脂

106. 配合剂干燥的目的是除去或减少配合剂中所含的(　　)。
(A)水分　　　　(B)低挥发物　　　　(C)杂质　　　　(D)水分和低挥发物

107. 下列配合剂受潮结块后,不能烘干使用的是(　　)。
(A)活性氧化镁　　　　(B)硬脂酸　　　　(C)石蜡　　　　(D)防老剂 RD

108. 一般配合剂的含水率应控制在(　　)以下。
(A)0.5%　　　　(B)1.0%　　　　(C)1.5%　　　　(D)2.0%

109. 使用超高频的电场,由于配合剂自身内部分子碰撞发热而除去水分达到干燥目的的方法是(　　)。
(A)连续干燥法　　　　(B)间歇干燥法　　　　(C)微波干燥法　　　　(D)红外干燥法

110. 使用热空气循环干燥室对配合剂进行除水干燥的方法是(　　)。
(A)连续干燥法　　　　(B)间歇干燥法　　　　(C)微波干燥法　　　　(D)红外干燥法

111. 使用鼓式干燥机、螺旋干燥机、带式干燥机等对配合剂进行干燥的方法是(　　)。
(A)连续干燥法　　　　(B)间歇干燥法　　　　(C)微波干燥法　　　　(D)红外干燥法

112. 入厂加工的原材料必须进行质量检验,合格后方可入库,属于(　　)。
(A)进货关　　　　(B)保管关　　　　(C)出货关　　　　(D)快检关

113. 储存在仓库的原材料必须按照规定要求进行保管,保证其在有效使用期内的使用性能,做到不变质、不损坏、不丢失,属于(　　)。
(A)进货关　　　　(B)保管关　　　　(C)出货关　　　　(D)快检关

114. 不合格或已变质库存原材料严禁出库,以免引起后续产品生产加工过程出现问题,属于(　　)。
(A)进货关　　　　(B)保管关　　　　(C)出货关　　　　(D)快检关

115. 下列不属于密炼机塑炼方法的是(　　)。
(A)一段塑炼　　　　(B)二段塑炼　　　　(C)分段塑炼　　　　(D)添加化学塑解剂塑炼

116. 天然橡胶塑炼排胶温度一般应控制在(　　)。

(A)130～140 ℃　　(B)140～150 ℃　　(C)150～160 ℃　　(D)140～160 ℃

117. 丁苯橡胶塑炼温度一般应控制在(　　)以下,温度过高会发生交联或支化。

(A)120 ℃　　(B)130 ℃　　(C)140 ℃　　(D)150 ℃

118. 不能使用密炼机塑炼的生胶是(　　)。

(A)丁腈橡胶　　(B)氯丁橡胶　　(C)丁苯橡胶　　(D)天然橡胶

119. 同体积的苯胺与增塑剂混合时,混合液呈均匀透明时的温度,被称作该增塑剂的(　　)。

(A)软化点　　(B)倾点　　(C)苯胺点　　(D)闪点

120. 开炼机混炼的前提是(　　)。

(A)包辊　　(B)吃粉　　(C)翻炼　　(D)薄通

121. 下列不属于开炼机混炼三个阶段的是(　　)。

(A)包辊　　(B)吃粉　　(C)翻炼　　(D)薄通

122. 下列不是影响包辊状态的因素是(　　)。

(A)辊温　　(B)加料顺序　　(C)切变速率　　(D)生胶特性

123. 转子转速是影响密炼机混炼效果好坏的最重要因素,随着转子转速的进一步提高,胶料的混炼均匀性(　　)。

(A)几乎成比例的增加　　　　(B)增加速度减慢

(C)不利于配合剂分散　　　　(D)不变

124. 密炼机混炼的三个阶段不包括下面的(　　)。

(A)润湿　　(B)分散　　(C)捏炼　　(D)翻炼

125. 密炼机混炼工艺方法中不包括下面的(　　)。

(A)一段混炼法　　(B)二段混炼法　　(C)分段混炼法　　(D)逆混法

126. 固体软化剂由于分散较慢,应和(　　)一起加入。

(A)生胶　　(B)炭黑　　(C)小料　　(D)硫化剂

127. 硬脂酸是炭黑的良好分散剂,故应加在(　　)之前。

(A)生胶　　(B)炭黑　　(C)小料　　(D)硫化剂

128. 下列白色填料中最难分散的是(　　)。

(A)白炭黑　　(B)陶土　　(C)滑石粉　　(D)氧化锌

129. 下列白色填料中最容易分散的是(　　)。

(A)白炭黑　　(B)陶土　　(C)滑石粉　　(D)氧化锌

130. 混炼胶的补充加工不包括下面的(　　)。

(A)冷却　　(B)停放　　(C)滤胶　　(D)返工

131. 含(　　)多的操作油,有促进胶料焦烧和加速硫化的作用。

(A)石蜡油　　(B)环烷油　　(C)芳烃油　　(D)煤焦油

132. 塑炼天然橡胶时,可以作为化学塑解剂使用的是(　　)。

(A)M　　(B)CZ　　(C)CTP　　(D)DCP

133. 下面生胶中是特种合成胶的是(　　)。

(A)丁苯橡胶　　(B)丁腈橡胶　　(C)三元乙丙橡胶　　(D)氯醇橡胶

134. 下面生胶中是饱和橡胶的是(　　)。

(A)三元乙丙橡胶　　(B)氯丁橡胶　　　　　(C)天然橡胶　　　　　(D)顺丁橡胶

135. 下面生胶中是极性橡胶的是(　　　)。

(A)丁苯橡胶　　　　(B)氯丁橡胶　　　　　(C)天然橡胶　　　　　(D)二元乙丙橡胶

136. 下面生胶中不是合成橡胶的是(　　　)。

(A)天然橡胶　　　　(B)顺丁橡胶　　　　　(C)氯丁橡胶　　　　　(D)三元乙丙橡胶

137. 下面促进剂是准速促进剂的是(　　　)。

(A)CZ　　　　　　　(B)TMTD　　　　　　(C)TMTM　　　　　　(D)BZ

138. 下面促进剂是超速促进剂的是(　　　)。

(A)NOBS　　　　　(B)CZ　　　　　　　　(C)TMTD　　　　　　(D)DM

139. 下面防老剂是具有污染性的是(　　　)。

(A)4010NA　　　　(B)RD　　　　　　　　(C)445　　　　　　　(D)2246

140. 下面配合剂对静态臭氧防护效果最好的是(　　　)。

(A)4020　　　　　　(B)4010NA　　　　　(C)微晶蜡　　　　　　(D)聚乙烯蜡

141. 下面配合剂属于硫黄给予体的是(　　　)。

(A)NOBS　　　　　(B)DM　　　　　　　　(C)TMTM　　　　　　(D)TMTD

142. 下面炭黑中补强性最强的是(　　　)。

(A)N330　　　　　(B)N550　　　　　　　(C)N774　　　　　　(D)N990

143. 下面炭黑中耐磨性最强的是(　　　)。

(A)N330　　　　　(B)N550　　　　　　　(C)N660　　　　　　(D)N650

144. 炭黑的吸油值是以单位炭黑吸收(　　　)的体积表示。

(A)DOP　　　　　　(B)DBP　　　　　　　(C)DOS　　　　　　　(D)DCP

145. 压缩样 DBP 吸油值是将 25 g 炭黑试样,加压力 165 MPa 重复压缩(　　　)次使聚集体打开。

(A)2　　　　　　　(B)3　　　　　　　　　(C)4　　　　　　　　(D)5

146. 一般炭黑的 DBP 吸油值大于(　　　)成为高结构。

(A)1.4 cm^3/g　　(B)1.3 cm^3/g　　　(C)1.2 cm^3/g　　(D)1.1 cm^3/g

147. 一般炭黑的 DBP 吸油值小于(　　　)成为低结构。

(A)0.7 cm^3/g　　(B)0.8 cm^3/g　　　(C)0.9 cm^3/g　　(D)1.0 cm^3/g

148. 下面炭黑属于硬质炭黑的是(　　　)。

(A)N330　　　　　(B)N550　　　　　　　(C)N660　　　　　　(D)N774

149. 下面各种硫化体系中,生成多硫键最多的是(　　　)。

(A)普通硫黄硫化体系　　　　　　　　　(B)有效硫黄硫化体系

(C)半有效硫黄硫化体系　　　　　　　　(D)平衡硫化体系

150. 活化剂的作用不包括下面的(　　　)。

(A)活化整个硫化体系　　　　　　　　　(B)提高硫化胶的胶料密度

(C)提高硫化胶的耐热老化性能　　　　　(D)促进单硫键的生成

151. 氧化锌和氧化镁两者并用硫化氯丁橡胶,最佳并用比是(　　　)。

(A)4∶3　　　　　　(B)5∶4　　　　　　　(C)5∶3　　　　　　　(D)3∶2

152. 1839 年美国人(　　　)经长期的艰苦试验发明了硫化。

(A)韩可克(Honcock)   (B)邓禄普(Dunlop)
(C)米其林(Michelin)   (D)固特异(Goodyear)

153. 丁基橡胶最突出的性能是(   )。
(A)耐磨性能好   (B)耐老化性能好   (C)弹性最好   (D)耐透气性能好

154. 下面生胶最容易塑炼的是(   )。
(A)丁基橡胶   (B)天然橡胶   (C)丁腈橡胶   (D)顺丁橡胶

155. 下列因素中,直接影响硫化速度和产品质量的要素是(   )。
(A)硫化压力   (B)硫化介质   (C)硫化时间   (D)硫化温度

156. 一般情况下天然橡胶开炼机炼胶的时候,最后加入的配合剂是(   )。
(A)硫黄   (B)防焦剂   (C)软化剂   (D)防老剂

157. 在混炼条件下的橡胶并非处于流动状态,而是(   )状态。
(A)塑炼   (B)弹性体   (C)液体   (D)混炼

158. 下列原材料受潮后,不可以烘干后再使用的是(   )。
(A)陶土   (B)微晶蜡   (C)硬脂酸   (D)活性氧化镁

159. 橡胶制品只有经过(   )加工工序才具有实际使用价值。
(A)塑炼和密炼   (B)炼胶和硫化   (C)配合和硫化   (D)炼胶和配合

160. 下面不能解决混炼中产生"脱辊"现象的是(   )。
(A)增大辊距   (B)降温   (C)提高速比   (D)加快转速

161. 下面不是常用的排胶依据的是(   )。
(A)混炼温度   (B)混炼时间   (C)混炼转速   (D)混炼能量

162. 白炭黑粒子表面有大量的微孔,对(   )有较强的吸附作用,因此明显地迟延硫化。
(A)防老剂   (B)防焦剂   (C)促进剂   (D)活化剂

三、多项选择题

1. 在天然橡胶配方中防焦剂CTP的优点是(   )。
(A)不影响硫化速度   (B)减缓硫化速度
(C)提高硫化胶的物理机械性能   (D)不影响硫化胶的物理机械性能

2. 橡胶工业上最主要的补强剂是(   )。
(A)陶土   (B)炭黑   (C)碳酸钙   (D)白炭黑

3. 炭黑"三要素"是指炭黑的(   )。
(A)粒径   (B)结构   (C)表面性质   (D)密度

4. 橡胶在老化过程中分子结构发生变化的类型有(   )。
(A)分子链降解   (B)分子链支化
(C)分子链之间产生交联   (D)主链或者侧链的改变

5. 常用的石油系增塑剂有(   )。
(A)沥青   (B)芳香烃   (C)环烷烃   (D)链烷烃

6. 下列是合成增塑剂的是(   )。
(A)DOP   (B)DBP   (C)DOS   (D)DCP

7. 共聚物共混的结构形态包括(   )。

(A)均相结构　　　　(B)单相连续结构　　(C)两相连续结构　　(D)互溶结构

8. 密炼机混炼过程的控制方法有(　　　)。

(A)经验标准　　　　(B)时间标准　　　　(C)温度标准　　　　(D)能量标准

9. 用密炼机进行塑炼时,必须严格控制(　　　)。

(A)塑炼时间　　　　(B)蒸汽压力　　　　(C)压延效应　　　　(D)排胶温度

10. 塑炼后的补充加工有(　　　)。

(A)压片　　　　　　(B)冷却　　　　　　(C)停放　　　　　　(D)质量检验

11. 压出工艺过程中常会出现很多质量问题,如半成品表面不光滑、焦烧、起泡或海绵、厚薄不均、条痕裂口等。其主要影响因素是(　　　)。

(A)胶料的配合　　　(B)胶料的可塑度　　(C)压出温度　　　　(D)压出速度

12. 橡胶制品硫化都需要施加压力,其目的是(　　　)。

(A)防止胶料气泡的产生,提高胶料的致密性

(B)使胶料流动、充满模型

(C)提高附着力,改善硫化胶物理性能

(D)加快硫化速度

13. 橡胶挤出机有多种类型,按工艺用途不同可分为(　　　)及脱硫挤出机等。

(A)压片挤出机　　　(B)滤胶挤出机　　　(C)塑炼挤出机　　　(D)混炼挤出机

14. 生产终炼胶时,如果卸料门发生故障,下列做法正确的是(　　　)。

(A)联系保全处理异常　　　　　　　　　(B)降低转子转速

(C)联系主任反应情况　　　　　　　　　(D)手动不断开关卸料门,看能否打开

15. 下列说法错误的是(　　　)。

(A)胶料落在地面铺设的铁板上不算胶料落地

(B)胶料标识只包括卡片和手写垛顶两部分

(C)建垛时机以不超温为原则

(D)下辅线中间开炼机需切落两次或上翻胶辊两个来回后方可发料

16. 使用硫化仪测定的胶料硫化特性曲线,可以直观地或经简单计算得到的硫化参数包括(　　　)。

(A)焦烧时间　　　　(B)初始黏度　　　　(C)硫化速度　　　　(D)活化能胶

17. 橡胶配方的组成是多组分的,一个合理的橡胶配合体系应该包括(　　　)、增速体系几大部分。

(A)生胶　　　　　　(B)硫化体系　　　　(C)填充体系　　　　(D)防护体系

18. 橡胶配方中各组分之间有复杂的交互作用,是指配方中原材料之间产生的(　　　)。

(A)协同效应　　　　(B)并用效应　　　　(C)加和效应　　　　(D)对抗作用

19. 产品结构设计、(　　　)之间存在着强烈的依存和制约关系。

(A)设备　　　　　　(B)配方　　　　　　(C)工艺条件　　　　(D)原材料

20. 在生产中所用的配方应包括以下几项内容(　　　),在规定硫化条件下胶料比重及物理机械性能。

(A)胶料的名称及代号　　　　　　　　　(B)胶料的用途

(C)生胶的含量　　　　　　　　　　　　(D)各种配合剂的用量

21. 塑炼方法按所用设备可分为( )。
(A)开炼机塑炼 (B)成型机塑炼 (C)螺杆塑炼机塑炼 (D)密炼机塑炼

22. 胶料混炼不均的原因有( )。
(A)上顶栓压力太低导致浮坨 (B)混炼胶排胶温度太低
(C)混炼时间太短 (D)生胶存放时间过短

23. 硫化橡胶产生喷霜的原因有( )。
(A)与橡胶相容性差的防老剂或促进剂用量多了
(B)胶料硫化不熟,欠硫
(C)使用温度过高,贮存温度过低
(D)橡胶硫化时发生返原现象

24. 密炼机塑炼的操作步骤有( )、翻炼、压片、冷却下片、存放。
(A)称量 (B)投料 (C)塑炼 (D)排胶

25. 塑炼胶可塑度过低的危害有( )。
(A)混炼时粉状配合剂不易混入,需要增加混炼时间
(B)挤出时半成品表面粗糙,收缩率大,而且生热大,易焦烧
(C)压延时胶帘布容易掉皮
(D)半成品硫化时流动性差,易缺胶

26. 再生胶制造的过程包括下面的( )。
(A)粉碎 (B)筛选 (C)脱硫 (D)精炼

27. 混炼胶的补充加工部包括下面的( )。
(A)冷却 (B)停放 (C)滤胶 (D)返工

28. 密炼机混炼的三个阶段包括下面的( )。
(A)润湿 (B)分散 (C)捏炼 (D)翻炼

29. 密炼机混炼工艺方法中包括下面的( )。
(A)一段混炼法 (B)二段混炼法 (C)分段混炼法 (D)逆混法

30. 混炼中产生"脱辊"的解决办法包括下面的( )。
(A)降温 (B)增大辊距 (C)加快转速 (D)提高速比

31. 下列是影响包辊状态的因素是( )。
(A)辊温 (B)加料顺序 (C)切变速率 (D)生胶特性

32 下列属于开炼机混炼三个阶段的是( )。
(A)包辊 (B)吃粉 (C)翻炼 (D)薄通

33. 下列配合剂受潮结块后,可以烘干后再使用的是( )。
(A)活性氧化镁 (B)硬脂酸 (C)石蜡 (D)防老剂 RD

34. 在硫黄硫化的天然橡胶配方中,常使用的抗返原剂有( )。
(A)Si-69 (B)CTP (C)HVA-2 (D)TAIC

35. 称量前要求配合剂应具备的条件是( )。
(A)纯度和杂质含量要符合国家标准 (B)水分含量要低,没有挥发性物质
(C)便于称量配合 (D)粒度要低于 50 目,便于分散

36. 粉碎工艺可以( )。

(A)使配合剂的粒度变细　　　　　　　　(B)除去配合剂中的杂质
(C)增加混炼时与生胶的接触面　　　　　(D)减少混炼时间

37. 下列配合剂属于小料的是(　　　)。
(A)促进剂DM　　　(B)钛白粉　　　(C)硬脂酸　　　(D)防老剂4020

38. 准备加工中需严格控制的项目是(　　　)。
(A)投胶质量　　　(B)黏度和湿度　　　(C)生胶的可塑度　　　(D)配合剂颗粒度

39. 烘胶操作的目的是(　　　)。
(A)清除结晶　　　(B)杂质容易清除　　　(C)减少加工时间　　　(D)降低能耗

40. 下列设备中属于粉碎机械的是(　　　)。
(A)刨片机　　　(B)球磨机　　　(C)裁断机　　　(D)砸碎机

41. 下列因素属于生胶塑炼的条件的是(　　　)。
(A)机械应力　　　(B)塑解剂　　　(C)臭氧　　　(D)热

42. 塑炼过程中会发生分子链断裂,影响分子链断裂的因素有(　　　)。
(A)机械力作用　　　(B)塑解剂作用　　　(C)温度的作用　　　(D)压力作用

43. 炼胶过程中常用的排胶标准包括(　　　)。
(A)混炼转速　　　(B)混炼时间　　　(C)混炼温度　　　(D)混炼能量

44. 开炼机混炼过程包括(　　　)。
(A)吃粉阶段　　　(B)润湿阶段　　　(C)分散阶段　　　(D)打开阶段

45. 原材料质量控制的"三关"内容包括(　　　)。
(A)进货关　　　(B)保管关　　　(C)出货关　　　(D)保密关

46. 下面措施能改善氧化锌混炼分散效果的是(　　　)。
(A)表面处理　　　　　　　　　　　　　(B)造粒
(C)母炼　　　　　　　　　　　　　　　(D)跟液体软化剂同时投料

47. 配合剂的干燥方式有(　　　)。
(A)连续干燥　　　(B)微波干燥　　　(C)间歇干燥　　　(D)太阳曝晒

48. 开炼机进行翻炼的方法有(　　　)。
(A)左右割刀　　　(B)打卷　　　(C)三角包　　　(D)薄通

49. PDCA工作循环是指(　　　)。
(A)计划　　　(B)实施　　　(C)检查　　　(D)处理

50. 密炼机椭圆转子按其螺旋突棱的数目不同,可分为(　　　)。
(A)双棱转子　　　(B)三棱转子　　　(C)四棱转子　　　(D)五棱转子

51. 密炼机转子的冷却方式有(　　　)。
(A)喷淋式　　　(B)螺旋夹套式　　　(C)中空式　　　(D)钻孔式

52. 密炼机混炼室的冷却方式有(　　　)四种。
(A)喷淋式　　　(B)水浸式　　　(C)夹套式　　　(D)钻孔式

53. 开炼机辊筒结构有(　　　)。
(A)夹套式结构　　　(B)中空结构　　　(C)圆周钻孔结构　　　(D)钻孔式结构

54. 白炭黑的化学成分是二氧化硅,可分为(　　　)两大类。
(A)气相法　　　(B)液相法　　　(C)研磨法　　　(D)沉淀法

55. 硫化可分为( )两种方式。

(A)室温硫化 (B)热硫化 (C)二次硫化 (D)连续硫化

56. 橡胶发生老化的主要因素有( )。

(A)热氧老化 (B)光氧老化 (C)臭氧老化 (D)疲劳老化

57. 橡胶硫化的完整历程可分为( )。

(A)焦烧阶段 (B)热硫化阶段 (C)平坦硫化阶段 (D)过硫化阶段

58. 要使生胶转变为具有特定性能、特定形状的橡胶制品,要经过一系列的复杂加工过程。这个过程包括橡胶( )。

(A)塑炼 (B)成型 (C)配合 (D)加工

59. 理想的硫化曲线应满足( )。

(A)焦烧时间足够长 (B)热硫化期尽可能短

(C)硫化速度足够快 (D)平坦期尽可能长

60. 硫化"三要素"是指( )。

(A)温度 (B)员工熟练程度 (C)时间 (D)压力

61. 一个完整的硫化体系包括( )。

(A)硫化剂 (B)促进剂 (C)活化剂 (D)防焦剂

62. 对于所有的橡胶制品而言,均需要经过( )两个加工过程。

(A)塑炼 (B)炼胶 (C)配合 (D)硫化

63. 生胶,即尚未被交联的橡胶,由线形大分子或者带支链的线形大分子构成。随着温度的变化,它有三态,即( )。

(A)玻璃态 (B)塑料态 (C)高弹态 (D)黏流态

64. 常用的活化剂有( )。

(A)硬脂酸 (B)氧化钙 (C)氧化锌 (D)氧化镁

65. 橡胶防护的方法有( )。

(A)物理防护法 (B)化学防护法 (C)涂层防护法 (D)氧化还原防护法

66. 橡胶按照其来源可分为( )两大类。

(A)天然橡胶 (B)合成橡胶 (C)再生胶 (D)通用胶

67. 炭黑按制造方法可分为( )。

(A)炉法炭黑 (B)槽法炭黑 (C)热裂解炭黑 (D)新工艺炭黑

68. 促进剂按 pH 值可分为( )三类。

(A)酸性 (B)中性 (C)碱性 (D)水溶性

69. 促进剂按硫化速度分类,除了准速促进剂外还有( )。

(A)慢速促进剂 (B)中速促进剂 (C)超速促进剂 (D)超超速促进剂

70. 链终止型防老剂根据其作用方式可分为( )三类。

(A)自由基捕捉型 (B)加工反应型

(C)防老剂与橡胶单体共聚型 (D)高分子量防老剂

71. 当防老剂并用时可产生( )。

(A)对抗效应 (B)加和效应 (C)协同效应 (D)中和效应

72. 生胶塑炼前的准备工作包括( )等工作。

(A)选胶　　(B)烘胶　　(C)切胶　　(D)破胶

73. 切胶机的类型有(　　)。
(A)单刀　　(B)多刀　　(C)立式　　(D)卧式

74. 密炼机的规格一般以(　　)来表示的。
(A)混炼室工作容积　　(B)长转子的转数
(C)工作时的长度　　(D)直径

75. 密炼机的排料装置的结构形式有(　　)。
(A)滑动式　　(B)摆动式　　(C)抽动式　　(D)翻转式

76. 开炼机辊筒的温度调节有(　　)调温机构。
(A)开式　　(B)连续　　(C)闭式　　(D)间歇

77. 混炼的方法一般可分为(　　)。
(A)密炼机混炼　　(B)开炼机混炼　　(C)挤出机混炼　　(D)连续混炼

78. 硫化橡胶耐低温性能测定方法有(　　)。
(A)双头试样法　　(B)单试样法　　(C)三试样法　　(D)多试样法

79. 通常采用的混炼胶的检查项目有(　　)。
(A)分散度检查　　(B)均匀度检查
(C)流变仪性能检查　　(D)物理机械性能检查

80. 密炼机塑炼方法通常有(　　)。
(A)一段塑炼　　(B)分段塑炼
(C)二段塑炼　　(D)添加化学塑解剂塑炼

81. 一个完整的橡胶配方基本除生胶外,还有(　　)。
(A)硫化体系　　(B)补强与填充体系　　(C)防护体系　　(D)增塑体系

82. 常用的炭黑除高耐磨炉黑外,还有(　　)。
(A)中超耐磨炉黑　　(B)快压出炉黑　　(C)半补强炉黑　　(D)通用炉黑

83. 丁苯橡胶按聚合方法分类可分为(　　)。
(A)种子聚合　　(B)自由基聚合　　(C)乳液聚合　　(D)溶液聚合

84. 橡胶工业中常用的混炼方法分为(　　)。
(A)间歇式混炼　　(B)连续式混炼　　(C)一段混炼　　(D)二段混炼

85. 为减小挠度对压延半成品宽度方向上厚度不均匀的影响,通常采用的补偿方法有(　　)。
(A)凹凸系数法　　(B)辊筒轴交叉法　　(C)辊筒预弯曲法　　(D)预应力法

86. 根据胶料在单螺杆中的运动情况,可将螺杆的工作部分分为(　　)。
(A)喂料段　　(B)压缩段　　(C)排气段　　(D)挤出段

87. 开炼机规格用辊筒工作部分的(　　)来表示。
(A)直径　　(B)半径　　(C)长度　　(D)宽度

88. 开炼机调距装置的结构形式分为(　　)。
(A)自动　　(B)手动　　(C)电动　　(D)液压传动

89. 密炼机混炼效果的好坏除了加料顺序和混炼温度外,还取决于(　　)。
(A)装胶容量　　(B)转子转速　　(C)上顶栓压力　　(D)混炼时间

90. 开炼机的主要零部件有( )。
(A)辊筒　　　　　(B)辊筒轴承　　　　　(C)调距装置　　　　(D)安全制动装置

91. 开炼机的几个重要的工作参数有( )。
(A)辊速　　　　　(B)辊距　　　　　　　(C)速比　　　　　　(D)速度梯度

92. 烘胶设备包括( )。
(A)烘房　　　　　(B)烘箱　　　　　　　(C)红外线　　　　　(D)高频电流

93. 干燥的目的是除去或减少配合剂中所含的( )。
(A)杂质　　　　　(B)水分　　　　　　　(C)低挥发性物质　　(D)大颗粒物质

94. 开炼机的塑炼工艺方法分为( )。
(A)薄通塑炼法　　(B)包辊塑炼法　　　　(C)分段塑炼法　　　(D)化学塑解剂塑炼法

95. 下列配合剂属于小料的是( )。
(A)TBTD　　　　 (B)硬脂酸　　　　　　(C)钛白粉　　　　　(D)白炭黑

96. 下列配合剂属于硫化剂的是( )。
(A)CTP　　　　　 (B)DCP　　　　　　　(C)S　　　　　　　(D)TMTM

97. 下列配合剂属于硫载体的是( )。
(A)TMTM　　　　 (B)TMTD　　　　　　 (C)TBTD　　　　　(D)DTDM

98. 下列配合剂属于大料的是( )。
(A)炭黑　　　　　(B)芳烃油　　　　　　(C)氧化锌　　　　　(D)硬脂酸

99. 下列炭黑属于软质炭黑的是( )。
(A)N330　　　　　(B)N550　　　　　　　(C)N660　　　　　(D)N774

100. 下列炭黑属于硬质炭黑的是( )。
(A)N115　　　　　(B)N220　　　　　　　(C)N330　　　　　(D)N550

101. 下列属于不饱和非极性橡胶的是( )。
(A)天然橡胶　　　(B)氯丁橡胶　　　　　(C)丁腈橡胶　　　　(D)丁苯橡胶

102. 下列属于不饱和极性橡胶的是( )。
(A)天然橡胶　　　(B)氯丁橡胶　　　　　(C)丁腈橡胶　　　　(D)顺丁橡胶

103. 下列属于饱和橡胶的是( )。
(A)顺丁橡胶　　　(B)丁腈橡胶　　　　　(C)丁基橡胶　　　　(D)三元乙丙橡胶

104. 下列橡胶中具有相同结构单元的是( )。
(A)顺丁橡胶　　　(B)天然橡胶　　　　　(C)氯丁橡胶　　　　(D)异戊橡胶

105. 下列生胶中属于天然橡胶的是( )。
(A)CV 60　　　　 (B)RSS 1　　　　　　 (C)DCR 66　　　　(D)SCR 5

106. 天然橡胶分子量分布一般为双峰,其特点是( )。
(A)低分子量部分对加工性能有益　　　　(B)高分子量部分提供好的机械性能
(C)高分子量部分对加工性能有益　　　　(D)低分子量部分提供好的机械性能

107. 下列是自补强的橡胶是( )。
(A)氯丁橡胶　　　(B)丁苯橡胶　　　　　(C)三元乙丙橡胶　　(D)天然橡胶

108. 丁苯橡胶是由下面的( )共聚而来的。
(A)丁烯　　　　　(B)丁二烯　　　　　　(C)苯乙烯　　　　　(D)丙烯腈

109. 丁腈橡胶是由下面的( )共聚而来的。

(A)丁烯　　　　　(B)丁二烯　　　　(C)苯乙烯　　　　(D)丙烯腈

110. 橡胶按照形态分类可分为( )。

(A)固体橡胶　　　(B)液体橡胶　　　(C)粉末橡胶　　　(D)再生橡胶

111. 我国安全生产的方针是( )。

(A)安全第一　　　(B)预防为主　　　(C)警钟长鸣　　　(D)防消结合

112. 我国消防工作的的方针是( )。

(A)安全第一　　　(B)防患未然　　　(C)预防为主　　　(D)防消结合

113. 事故处理的"四不放过"原则是( )。

(A)事故原因分析不清不放过　　　　(B)事故责任人和群众没有受到教育不放过

(C)没有防范措施不放过　　　　　　(D)事故责任人没有受到教育不放过

114. 三元乙丙橡胶是由下面的( )共聚而来的。

(A)乙烯　　　　　(B)丙烯　　　　　(C)丁二烯　　　　(D)第三单体

115. 对于生产设备,需要做到"四懂",即( )。

(A)懂原理　　　　(B)懂结构　　　　(C)懂性能　　　　(D)懂用途

116. 对于生产设备,需要做到"三会",即( )。

(A)会操作　　　　(B)会维护保养　　(C)会调试　　　　(D)会排除故障

117. 开放式炼胶机的传动部分由( )组成。

(A)电动机　　　　(B)减速机　　　　(C)大小驱动齿轮　(D)速比齿轮

118. 开炼机操作时,穿戴工作服要做到"三紧",是指( )。

(A)袖口紧　　　　(B)领口紧　　　　(C)下摆紧　　　　(D)裤腿紧

119. 密炼机塑炼的优点是( )。

(A)装胶容量大　　(B)混炼时间短　　(C)生产效率高　　(D)设备投资高

120. 密炼机卸料装置的结构形式有( )。

(A)滑动式　　　　(B)上下式　　　　(C)摆动式　　　　(D)左右式

121. 密炼机的转子冷却方式有( )。

(A)水浸式　　　　(B)喷淋式　　　　(C)螺旋夹套式　　(D)钻孔式

122. 密炼机室的冷却方式有( )。

(A)喷淋式　　　　(B)水浸式　　　　(C)夹套式　　　　(D)钻孔式

123. 开炼机的规格一般以辊筒工作部分的( )来表示。

(A)转速　　　　　(B)直径　　　　　(C)速比　　　　　(D)长度

124. 同一配方可用( )方法表示。

(A)基本配方　　　(B)质量百分数配方　(C)体积百分数配方　(D)生产配方

125. 橡胶的磨耗形式主要有( )。

(A)磨损磨耗　　　(B)老化磨耗　　　(C)疲劳磨耗　　　(D)卷曲磨耗

126. 配合剂粉碎时,下列小料的颗粒度可以<10 g/块的是( )。

(A)松香　　　　　(B)固体古马隆　　(C)防老剂 A　　　(D)石蜡

127. 门尼黏度计由( )组成。

(A)转子　　　　　(B)模腔　　　　　(C)加热控温装置　(D)转矩测量系统

128. 下面属于喷霜现象的是( )。

(A)喷彩　　　　(B)喷蜡　　　　(C)喷粉　　　　(D)喷硫

129. 下列选项是开炼机塑炼的缺点的是( )。

(A)卫生条件差　(B)劳动强度大　(C)适应面宽　　(D)投资小

130. 撕裂强度试验的试样形状有( )。

(A)哑铃型　　　(B)新月型　　　(C)裤型　　　　(D)直角型

131. 丁基橡胶由( )共聚而成。

(A)苯乙烯　　　(B)异戊二烯　　(C)异丁烯　　　(D)丁二烯

132. 乙丙橡胶的性能缺点有( )。

(A)不耐脂肪烃和芳香烃　　　　　(B)比重小

(C)自粘性和互粘性很差不易粘合　(D)耐老化性差

133. 丁腈橡胶的主要用途有( )。

(A)耐油制品　　(B)密封制品　　(C)胶管　　　　(D)耐寒制品

134. 原材料的准备工艺内容,除了生胶的准备外还有( )。

(A)配合剂的准备加工　　　　　　(B)配合剂的存储保管

(C)配合剂的称量和配合　　　　　(D)配合剂的外观鉴定方法和质量标准

135. 烘胶的目的是( )。

(A)保证切胶机的安全操作和工作效率

(B)保证炼胶机的安全操作和工作效率

(C)烘去生胶表面的水分

(D)可以使生胶软化或者消除结晶橡胶中的结晶,便于切割和塑炼

136. 连续混炼不能普及的原因是( )系统相当复杂。

(A)控制　　　　(B)加热　　　　(C)称量　　　　(D)加料

137. 切胶的目的是( )。

(A)便于生胶的称量　　　　　　　(B)便于生胶的投料

(C)保护设备　　　　　　　　　　(D)减少工作量

138. 压出是使胶料通过挤出机( )间的作用,连续地制成各种不同形状半成品的工艺过程。

(A)机筒壁　　　(B)机头　　　　(C)螺杆　　　　(D)口型

139. 原材料的存储保管应包括( )。

(A)防潮　　　　(B)防虫　　　　(C)防火防爆　　(D)防止混淆

140. 开炼机塑炼的优点是( )。

(A)塑炼胶可塑性均匀　　　　　　(B)适应面宽

(C)投资小　　　　　　　　　　　(D)劳动强度小

141. 国家标准分为( )。

(A)强制性国家标准　　　　　　　(B)推荐性国家标准

(C)自愿性国家标准　　　　　　　(D)选择性国家标准

142. 开炼机塑炼是借助( )作用,使分子链被扯断,从而获得可塑度。

(A)辊筒的挤压力　　　　　　　　(B)辊筒的撕拉

(C)辊筒的温度　　　　　　　　　(D)辊筒的剪切力

143.包辊塑炼法的优点是(　　)。

(A)塑炼效果好　　(B)塑炼时间较段　　(C)操作方便　　(D)劳动强度小

144.影响开炼机塑炼的因素有(　　)。

(A)辊温　　(B)辊距　　(C)塑解剂　　(D)操作熟练程度

145.下列配合剂可以做塑解剂使用的是(　　)。

(A)CTP　　(B)M　　(C)NOBS　　(D)DM

146.橡胶的压缩法可塑性试验方法包括(　　)。

(A)威廉氏法　　(B)华莱士可塑度法　　(C)德佛法　　(D)安东尼法

147.常见的亲水配合剂有(　　)。

(A)碳酸钙　　(B)陶土　　(C)氧化锌　　(D)立德粉

148.开炼机混炼中"脱辊"的解决办法是(　　)。

(A)降温　　(B)减小辊距　　(C)加快转速　　(D)提高速比

149.开炼机混炼过程中翻炼的方法有(　　)。

(A)左右割刀　　(B)打卷　　(C)打三角包　　(D)薄通

150.开炼机混炼的方法有(　　)。

(A)一段混炼　　(B)二段混炼　　(C)分段混炼　　(D)连续混炼

151.再生胶的制造包括下面的(　　)工段。

(A)粉碎　　(B)脱硫　　(C)精炼　　(D)造粒

152.一个完整的硫化历程包括(　　)。

(A)焦烧阶段　　(B)热硫化阶段　　(C)平坦阶段　　(D)过硫化阶段

153.焦烧时间包括(　　)。

(A)操作焦烧时间　　　　　　　　(B)流动焦烧时间

(C)剩余焦烧时间　　　　　　　　(D)加工焦烧时间

154.螺杆挤出机的主要零件包括(　　)。

(A)机筒　　(B)机头　　(C)螺杆　　(D)底座

155.下列是噻唑类促进剂的有(　　)。

(A)M　　(B)DM　　(C)BZ　　(D)CZ

156.下列是次磺酰胺类促进剂的有(　　)。

(A)BZ　　(B)TBBS　　(C)NOBS　　(D)MB

157.下列是超速级促进剂的有(　　)。

(A)BZ　　(B)M　　(C)TMTD　　(D)TBTD

四、判断题

1.硫化胶是混炼胶在一定条件下,经交联而得到三维网状结构的橡胶,在良溶剂中可以溶解。(　　)

2.天然橡胶具有良好回弹性的原因是由于天然橡胶大分子本身有较高的柔性。(　　)

3.密炼机塑炼常用的方法通常有一段塑炼、分段塑炼和添加化学塑解剂塑炼。(　　)

4.开炼机的一段混炼法是指通过开炼机一次混炼就能制成混炼胶的方法。(　　)

5. 粒径在 40 nm 以上的,补强性高的炭黑是硬质炭黑。( )

6. 切胶时手不得越过刀位线拿胶料,可以用钩子拉出。( )

7. 密炼机是橡胶工业中使用最早,结构比较简单的最基本的橡胶机械。( )

8. 开炼机规格用辊筒工作部分的直径和长度表示。( )

9. 辊筒是开炼机最重要的工作部件。( )

10. 开炼机调整辊距时只能在空载无负荷的情况下进行。( )

11. 开炼机炼胶时发现有杂物,可以快速用手捏出。( )

12. 开炼机停车应触动停车按钮,不要频繁使用安全拉杆,以保证零件寿命。( )

13. 密炼机椭圆形转子按其螺旋突棱的数目不同,可分为双棱转子和三棱转子。( )

14. 密炼机的混炼室是密闭的,物料的损失比开炼机要少得多,对环境的污染也大为减轻。( )

15. 密炼机的卸料装置的结构形式有滑动式和摆动式两种。( )

16. 常温下的高弹性是橡胶材料的独有特性,是其他所有材料所不具备的,因此橡胶也称弹性体。( )

17. 橡胶的高弹性本质是由大分子构象变化而来的熵弹性。( )

18. 橡胶是一种材料,它在大的形变下能迅速而有力恢复其形变,能够被改性。( )

19. 对于一般橡胶而言,不论做什么样的制品均必须经过塑炼和硫化两个加工过程。( )

20. 橡胶配方中的补强填充体系的作用是降低混炼胶的黏度,改善加工性能,降低成品硬度。( )

21. 1839 年美国科学家 Dunlop 发明了硫化。( )

22. 马来西亚标准胶包装重为 33.3 kg,我国规定为 40 kg。( )

23. 烟片胶国家标准分五级,分别是一级、二级、三级、四级、五级。( )

24. 国际上规定烟片胶的包重为 50 kg。( )

25. 标准胶的分级较为科学,ISO 2000 规定分五个等级。( )

26. 一般天然橡胶中含橡胶烃为 5%~8%,而非橡胶烃占 92%~95%。( )

27. 天然橡胶中低分子量部分对加工性能有益,高分子量部分能提供好的机械性能。( )

28. 天然橡胶中有 10%~80% 的凝胶不能被溶剂溶解。( )

29. 天然橡胶是一种自补强橡胶,即不需要补加补强剂自身就有较高的强度。( )

30. 连续混炼不能普及的原因是称量和加料系统相当复杂。( )

31. 未硫化橡胶的拉伸强度称为格林强度。( )

32. 天然橡胶机械强度高的原因在于它是自补强橡胶,当拉伸时会使大分子链沿应力方向取向形成结晶。( )

33. 天然橡胶是极性橡胶。( )

34. 三元乙丙橡胶和氯丁橡胶都是非极性橡胶。( )

35. 天然橡胶比合成橡胶容易塑炼,同时也不易产生过炼。( )

36. 天然橡胶易包热辊。( )

37. 对于天然橡胶,最适宜的硫化温度是 150 ℃,一般不高于 160 ℃。( )

38. 异戊橡胶的结构单元跟天然橡胶一样。(　　)

39. 生胶或未硫化胶在停放的过程中由于自身的重量而产生流动的现象叫焦烧。(　　)

40. 塑性保持率是指生胶在143 ℃×30 min加热前后华莱士可塑度的比值。(　　)

41. 塑性保持率越高表明该生胶抗热氧断链的能力越强。(　　)

42. 丁苯橡胶是丙烯腈跟丁二烯的共聚物。(　　)

43. 溶聚丁苯橡胶具有较低的滚动阻力和较高的抗湿滑的性能。(　　)

44. 丁苯橡胶是非自补强橡胶。(　　)

45. 丁苯橡胶的耐磨性比天然橡胶差。(　　)

46. 丁苯橡胶易包冷辊。(　　)

47. 顺丁橡胶具有良好的弹性,是通用橡胶中弹性最好的一种。(　　)

48. 顺丁橡胶的耐寒性是通用橡胶中最差的一种。(　　)

49. 顺丁橡胶耐老化性能优于天然橡胶,老化以交联为主,老化后期变硬。(　　)

50. 乙丙橡胶具有优异的耐臭氧性能,被誉为"无龟裂"橡胶。(　　)

51. 乙丙橡胶具有突出的耐过热水和水蒸气性能。(　　)

52. 在通用橡胶中乙丙橡胶的弹性是最低的。(　　)

53. 在通用橡胶中丁基胶具有最好的气密性。(　　)

54. 丁基橡胶跟乙丙橡胶都是非极性饱和碳链橡胶。(　　)

55. 丁基橡胶易包热辊。(　　)

56. 在通用橡胶中,丁腈橡胶的耐油性最好。(　　)

57. 丁腈橡胶的耐臭氧性能比氯丁橡橡胶好。(　　)

58. 氯丁橡胶是非自补强橡胶。(　　)

59. 氯丁橡胶加工中所用的增塑剂一般是石油系油品。(　　)

60. 氯丁橡胶炼胶易粘辊,加一些如石蜡等润滑剂有助于解决。(　　)

61. 一个完整的硫化体系有硫化剂、促进剂和活化剂三部分组成。(　　)

62. 促进剂M是超速级别的促进剂。(　　)

63. 促进剂TMTD是超速级别的促进剂。(　　)

64. 促进剂CZ是具有后效性的超速级别的促进剂。(　　)

65. TMTD既可以做促进剂使用也可以做硫化剂使用。(　　)

66. 氧化锌和硬脂酸在硫黄硫化体系中组成了活化体系。(　　)

67. 在配方中适当增加氧化镁用量是耐热配方的必然措施。(　　)

68. 酸性炭黑能延长胶料的焦烧时间。(　　)

69. 对苯二胺防老剂能加速胶料的焦烧。(　　)

70. 防焦剂CTP的既可以延长胶料的焦烧时间,又能提高硫化胶的物理机械性能。
(　　)

71. 普通硫化系体系的硫化胶在室温下具有良好的动静态性能。(　　)

72. 橡胶行业用的主要的补强剂有炭黑和白炭黑。(　　)

73. 填料粒径越大,比表面积越大,对橡胶的补强性也越高。(　　)

74. 吸油值方法有DOP吸油值和压缩样DOP吸油值两种。(　　)

75. 填料粒子越细、结构度越高、填充量越大、表面活性越高,则混炼胶的黏度越低。

（　　）

76. 炭黑是硅橡胶最好的补强剂。（　　）

77. 硫化是指生胶或者橡胶制品在加工、存储或者使用过程中由于受热、光、氧等外界因素的影响使其发生物理或者化学变化，使性能逐渐下降的现象。（　　）

78. 橡胶老化的原因有物理因素、化学因素和生物因素三种类型。（　　）

79. 热老化中最普遍的是热氧老化。（　　）

80. 橡胶中加入石蜡的防护法属于化学防护法。（　　）

81. 烘胶房中，生胶与热源的距离应大于 40 cm。（　　）

82. 密炼机塑炼的温度一般在 160 ℃以上。（　　）

83. 能保证成品具有良好的物理机械性能是对混炼胶的要求。（　　）

84. 薄通塑炼的辊距为 0.5~1 mm。（　　）

85. 密炼机混炼初次投料可先将软化剂投入。（　　）

86. 在混炼中一般来说，配合剂量较少而且难分散的先加。（　　）

87. 操作时应擦去刀架旁的滑槽内的油，以免污染生胶。（　　）

88. 影响开炼机塑炼的因素包括操作工的熟练程度。（　　）

89. 橡胶黏度越低，吃粉就越快。（　　）

90. 包辊是开炼机混炼的前提。（　　）

91. 结合橡胶的生成有助于炭黑附聚体在混炼过程中发生破碎和分散均匀。（　　）

92. 塑炼过程实质上就是使橡胶的大分子断裂，大分子链由长变短的过程，塑炼的目的就是便于加工制造。（　　）

93. 炭黑粒径对混炼过程的影响：粒径越粗，混炼越困难，吃料慢，耗能高，生热高，分散越困难。（　　）

94. 未硫化的橡胶低温下变硬，高温下变软，没有保持形状的能力且力学性能较低。（　　）

95. 丁苯橡胶具有较好的弹性，是通用橡胶中弹性最好的一种橡胶。（　　）

96. 炭黑的粒径对定伸应力和硬度均有较大的影响。（　　）

97. 一个合理的橡胶配合体系应该包括聚合物、硫化体系、填充体系、防护体系、软化体系五大部分。（　　）

98. 密炼机进行天然胶塑炼时可以不开冷却水。（　　）

99. 炼胶时发现异常现象，可自行处理，然后继续作业。（　　）

100. 硫黄加入易产生焦烧现象，所以硫黄应在最后加入，并控制排胶温度和停放温度。（　　）

101. 塑炼过程中允许天然胶熔化现象发生。（　　）

102. 提高密炼机上顶栓压力可以强化炼胶过程，缩短混炼时间，提高效率。（　　）

103. 天然橡胶中橡胶大分子的分子量差别很大，赋予天然胶很差的加工性能。（　　）

104. 密炼机塑炼的操作顺序为称量、投料、塑炼、排胶、翻炼、压片、冷却下片、存放。（　　）

105. 在密炼机一段混炼中，不含硫化剂和促进剂。（　　）

106. 采用合理的加药顺序，使用不溶性硫黄都可减少喷硫现象。（　　）

107. 当胶料冷却时过量的硫黄会析出胶料表面形成结晶,这种现象称为焦烧。(　　)

108. 胶片必须经过风扇吹凉后,才能进行垛片。(　　)

109. 开炼机辊筒冷却结构有中空冷却和钻孔冷却两种形式。(　　)

110. 能增加促进剂的活性,减少促进剂用量,缩短硫化时间,并可提高硫化强度的物质叫补强剂。(　　)

111. 在胶料中主要起增容作用,即增加制品体积,降低制品成本的物质称为填充剂。(　　)

112. 橡胶制品在储存和使用一段时间以后,就会变硬、龟裂或发黏,以至不能使用,这种现象称之为"硫化"。(　　)

113. 条码扫描的目的是预防物料用错、便于追溯,是一种防错机制,更是一种质量要求。(　　)

114. 混炼胶下片粘隔离剂后要及时挑片挂起,进行风冷,胶料堆垛时胶片不得带水,不得落地。(　　)

115. 在一定条件下,对生胶进行机械加工,使之由强韧的弹性状态变为柔软而具有可塑性状态的工艺过程,称为混炼。(　　)

116. 一个橡胶配方包括生胶聚合物、硫化剂、促进剂、活性剂、防老剂、补强填充剂、软化剂等基本成分。(　　)

117. 橡胶的最宝贵的性质是高弹性,但是,这种高弹性又给橡胶的硫化带来了较大的困难。(　　)

118. 开炼机的主要作用是调节胶料黏度,使下工序生产的半部件均匀性更好。(　　)

119. 密炼机上加装胶温传感器没有大意义。(　　)

120. 基本配方——以质量份数来表示的配方,即以生胶的质量为100份,其他配合剂用量都以相应的质量份数表示。(　　)

121. 硫化体系由硫化剂、活化剂、促进剂三部组成。(　　)

122. 胶料在终炼时,需要投放石蜡油。(　　)

123. 密炼机在生产中,转子轴承部位的润滑油温对设备安全运行很重要。(　　)

124. 在密炼机的动、静密封装置处加机械油是为了阻止炭黑外泄。(　　)

125. 生胶多数情况下在高温时发脆而在低温时发黏,均不表现出高弹性。(　　)

126. 按橡胶的外观表现分为固态橡胶、液体橡胶和粉末橡胶三大类。(　　)

127. 合成橡胶按应用范围及用途分为通用橡胶和特种橡胶。(　　)

128. 防老剂能减缓老化,延长产品的使用寿命,其中微晶蜡是化学防老剂,其余为物理防老剂。(　　)

129. 混炼胶挤出时出现熟胶,与胶料可塑度偏低无关。(　　)

130. 密炼机漏风、漏粉较严重时,仍然可以操作。(　　)

131. 配料工序可以通过经验进行质量配制。(　　)

132. 切胶时切好的胶块不得落地,以防污染。(　　)

133. 配合剂的准备加工的目的是为使混炼能够顺利进行,确保混炼胶的质量。(　　)

134. 配方卡片、工艺卡片可以随意摆放。(　　)

135. 烘胶可以使生胶软化或消除结晶橡胶中的结晶,便于切割。(　　)

136. 密炼机冷却系统可以关闭进行混炼操作。（　　）

137. 物料转运过程中,轻洒少许可以不进行补加。（　　）

138. 生胶开炼机塑炼时,其分子断裂是以机械断裂为主。（　　）

139. 密炼机转速直接影响密炼机的生产能力,功率消耗,胶料质量。（　　）

140. 当胶料出现脱辊时,可以洒入少许古马隆。（　　）

141. 配合剂粉碎时,块状古马隆树脂不得大于 200 g/块。（　　）

142. 配合剂粉碎时,块状石蜡不得大于 10 g/块。（　　）

143. 所有的配合剂一旦出现结团或硬化现象就不能再继续使用了。（　　）

144. 作为活性剂的氧化钙和氧化镁,如发现结团或者硬块,表面已经变质,不能继续作为活化剂使用了。（　　）

145. 配合剂应放在通风干燥的地方,不能放在容易沾水或容易被雨淋的地方。（　　）

146. 配合剂多数是可燃的,所以必须远离火源。（　　）

147. 为了防止在配料过程中出现混淆配合剂的问题,应能够通过外观对其进行鉴定。（　　）

148. 投料工序,可以根据产能要求,随意改变投料时间。（　　）

149. 在胶料同一部分取试样,也能全面反映胶料快检结果是否符合要求。（　　）

150. 橡胶配合剂中的物理增塑剂通常称为软化剂。软化剂包括液体和固体两种。（　　）

151. 天然橡胶进行炼胶时如果时间长,则易产生过硫现象。（　　）

152. 准确的称量配合剂对胶料的加工性能和产品质量起着重要作用。（　　）

153. 手工称量配合剂时,应正确选择配合剂称量的先后顺序。（　　）

154. 为了防止炭黑飞扬应将油料与炭黑搅拌后加入。（　　）

155. 塑炼后、混炼后胶料冷却目的是相同的。（　　）

156. 塑炼过程中分子量下降,弹性下降,物理机械性能也下降。（　　）

157. 挤出胶含胶率越高半成品膨胀收缩率越小。（　　）

158. 提高密炼机转子转速能加大胶料的切变速度,从而缩短混炼时间,提高效率。（　　）

159. 快检试样在胶料三个不同部位取试样,才能全面反映胶料的质量。（　　）

160. 密炼机混炼时,炭黑用量较多胶料中可采用分段混炼。（　　）

161. 包辊和粘辊是一回事。（　　）

162. 密炼机塑炼效果好于开炼机塑炼。（　　）

163. 由于硫黄加入易产生焦烧现象,所以硫黄应在最后加入,并控制排胶温度和停放温度。（　　）

164. 炼胶时发现异现象,可自行处理,然后继续作业。（　　）

165. 经过混炼制成的胶料称为混炼胶。（　　）

166. 在开炼机混炼下片后,胶片温度在 40 ℃以下,方可叠层堆放。（　　）

167. XQW-100×10A 表示的是单刀立式切胶机的规格。（　　）

168. 切胶机用来把天然橡胶或合成橡胶胶块切成便于塑炼的小胶块。（　　）

169. 卧式切胶机比立式切胶机更易于组织联动作业线。（　　）

170. 切胶机下面的底座上浇铸有高抗冲聚苯乙烯,以保护切胶机刀刃。(　　)

五、简 答 题

1. 什么是混炼胶?
2. 什么是硫化胶?
3. 一个完整的配方包括哪些体系?
4. 橡胶加工中最基础、最重要的五个工艺过程是哪些?
5. 天然橡胶具有良好回弹性的原因是什么?
6. 什么是塑性保持率?
7. 塑性保持率数值表征什么?
8. 丁苯橡胶的特点是什么?
9. 顺丁橡胶的特点是什么?
10. 胶料混炼冷却后为什么要停放一定时间才能使用?
11. 活化剂的作用是什么?
12. 硫化胶的性能取决于哪些方面?
13. 生产常用的促进剂有哪几类?
14. 常用的硫黄硫化体系有哪些?
15. 理想促进剂应具备的条件有哪些?
16. 橡胶在老化过程中分子结构可发生哪几种类型的变化?
17. 橡胶的臭氧老化主要特征是什么?
18. 什么是橡胶的疲劳老化?
19. 塑炼的目的是什么?
20. 烟片胶烘胶的目的是什么?
21. 为什么用密炼机混炼胶料时采用低转速比高转速有利于配合剂的分散?
22. 密炼机混炼的优点是什么?
23. 什么是硬质炭黑?
24. 什么是软质炭黑?
25. 什么是结合橡胶?
26. 开炼机塑炼工艺方法有哪些?
27. 影响开炼机塑炼的主要因素有哪些?
28. 影响密炼机塑炼的主要因素有哪些?
29. 原材料准备工艺的意义是什么?
30. 原材料准备工艺的"六字"原则是什么?
31. 混炼前生胶准备的内容有哪些?
32. 烘胶时的工艺要求是什么?
33. 配合剂的准备加工的目的是什么?
34. 配合剂自动称量和投料的优点是什么?
35. 同一配方可用哪些方法表示?
36. 防焦剂的作用以及目的是什么?

37. 什么是弹性？

38. 什么是塑性？

39. 橡胶的分类方法及分类是什么？

40. 化学塑炼法的优缺点是什么？

41. 密炼机塑炼常用的方法是什么？

42. 胶料正硫化时间的测试方法有哪些？

43. 过炼对混炼胶质量有什么影响？

44. 影响结合橡胶生成量的因素有哪些？

45. 开炼机混炼过程的三个阶段是什么？

46. 影响包辊状态的因素有哪些？

47. 开炼机混炼有哪两种工艺方法？

48. 什么是开炼机的一段混炼法？

49. 什么是开炼机的分段混炼法？

50. 开炼机加药的操作要点是什么？

51. 密炼机炼胶时装胶容量对混炼胶质量的影响是什么？

52. 密炼机炼胶时提高转子转速对炼胶的影响是什么？

53. 改善氧化锌混炼分散的方法有哪些？

54. 造成混炼胶邵氏硬度过大、过小或者不均的原因是什么？

55. 造成混炼胶密度过大、过小或者不均的原因是什么？

56. 如何评估混炼胶质量？

57. 开炼机炼胶时装胶容量不当引起的后果是什么？

58. 开炼机炼胶时软化剂的加入方法是什么？

59. 密炼机混炼不适用范围有哪些？

60. 密炼机炼胶的缺点是什么？

61. 填料亲水性与混炼吃料的关系是什么？

62. 亲水配合剂的特点是什么？

63. 疏水配合剂的特点是什么？

64. 分散程度与配合剂表面的关系是什么？

65. 切胶机的类型有哪些？

66. 切胶机的特点和使用范围。

67. 开炼机基本构造是什么？

68. 密炼机基本构造是什么？

69. 密炼机的分类是什么？

70. 密炼机开车前需要做哪方面的检查？

六、综 合 题

1. 根据下述经验公式(式 1-1)和(式 1-2)，计算 XK-400 开炼机最大装胶容量，其中胶料比重 1.15 g/cm³、辊筒长度 1 000 mm。

$$m = V \cdot \rho \tag{1-1}$$

$$V = K \cdot D \cdot L \tag{1-2}$$

式中　V——一次加胶量，L；

　　　ρ——胶料密度，g/cm³；

　　　K——经验系数 0.006 5～0.008 5 L/cm²；

　　　D——辊筒直径，cm；

　　　L——辊筒长度，cm；

　　　m——装胶质量，kg。

2. 用开炼机热炼混炼胶时，胶料在开炼机辊筒上呈现如图 1 所示包辊状态，请简述形成原因和改善方法。

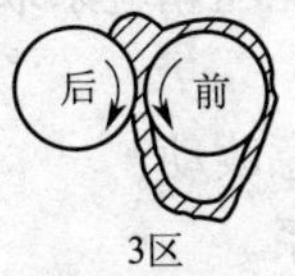

生胶在辊筒上的状况

图　1

3. 某 XK-400 开炼机一次炼胶需要 23 min，最大装胶容量为 39 L，其中胶料比重 1.15 kg/L，根据下面公式(式 1-3)计算该开炼机的最大生产能力。

$$Q = 60 \cdot q \cdot \rho \cdot a / t \tag{1-3}$$

式中　Q——生产能力，kg/h；

　　　q——一次炼胶量，L；

　　　ρ——胶料密度，kg/L；

　　　a——设备利用系数，$a = 0.85\sim0.9$；

　　　t——一次炼胶时间，min。

4. 橡胶撕裂强度试验，5 个试样撕断时的撕裂力值分别为 63.50 N、63.70 N、63.80 N、63.45 N、63.75 N，5 个试样厚度分别为 2.02 mm、2.06 mm、2.06 mm、2.03 mm、2.04 mm，计算试样的撕裂强度 F_{sy} 值。(计算结果准确到整数位)

5. 橡胶拉伸强度试验，采用 2 型裁刀裁切成哑铃状试样，5 个试样最大拉伸力分别为 144.06 N、149.00 N、145.30 N、142.55 N、151.07 N，5 个试样厚度分别为 1.87 mm、1.88 mm、1.92 mm、1.85 mm、2.01 mm，计算试样的拉伸强度。(计算结果保留小数点后一位有效数字)

6. 简述螺杆塑炼胶的优点。

7. 简述开炼机混炼时加料方法的一般原则。

8. 简述橡胶配合的五大体系及其作用。

9. 给下列填料的亲水性排序：白炭黑、炭黑、滑石粉、陶土、氧化锌、碳酸钙。

10. 简述橡胶配方的四种表示形式及其作用。

11. 简述橡胶配方形式的换算及其计算。

12. 密炼机混炼胶排胶后需要进行压片或者造粒的目的是什么？

13. 胶料进行冷却的目的是什么？

14. 混炼胶料在使用前必须停放的目的是什么？

15. 密炼机混炼通过哪些过程进行检验，以实现对工艺过程的质量控制？

16. 简述胶料检验的目的。

17. 什么是橡胶的疲劳老化？其老化机理目前主要有哪两种？

18. 混炼操作开始前，需进行哪些准备工作？

19. 简述减少压延效应的措施。

20. 炭黑的粒径、结构度、表面活性及表面含氧基团对胶料的混炼、加工工艺性能和焦烧性有何影响？

21. 炭黑聚集体表面有什么基团？炭黑的 pH 值与表面基团有什么关系？

22. 喷霜产生的原因是什么？为避免喷霜应采取哪些措施？

23. 混炼胶料为什么要进行快检？

24. 硫化时间确定后为什么不能随意改动？

25. 简述硫化温度和硫化时间的关系。

26. 简述影响密炼机混炼效果的因素。

27. 简述开炼机混炼的特点。

28. 简述密炼机混炼的优点。

29. 简述塑炼效果控制的原则。

30. 简述塑炼方法的分类。

31. 简述橡胶产生高弹性的原因。

32. 简述影响橡胶分子链断裂的因素。

33. 简述化学塑解剂在塑炼过程中的作用。

34. 简述在开炼机塑炼中辊距如何影响塑炼效果，原因是什么。

35. 简述在开炼机塑炼中时间如何影响塑炼效果，原因是什么。

橡胶炼胶工(中级工)答案

一、填 空 题

1. 平坦期	2. 增加	3. 压力	4. 增大
5. 补强填充体系	6. 交联	7. 结构	8. 形状
9. 快压出炉黑	10. 化学防护	11. 填充剂	12. 补强剂
13. 填充剂	14. 白炭黑	15. 硬脂酸	16. 促进剂
17. 早期硫化	18. 溶液	19. 华莱士可塑度	20. 补强剂
21. 33.3	22. 大形变	23. 硫化	24. 玻璃态
25. 加工	26. 合成橡胶	27. 特种	28. 高弹性
29. Goodyear(固特异)	30. Honcock(韩可克)	31. Dunlop(邓禄普)	32. 交联
33. 异戊二烯	34. 丁苯橡胶(或 SBR)	35. 饱和	36. 不饱和
37. 线形大分子链	38. 焦烧阶段	39. 降低	40. 新工艺炭黑
41. 二氧化硅	42. 热氧老化	43. 稀释剂	44. 石油系
45. 均相	46. 性能要求	47. 间歇式混炼	48. 热
49. 生产顺利进行	50. 蛋白质	51. 顺丁橡胶(或 BR)	
52. 丁基橡胶(或 IIR)	53. 中 CAN 含量	54. 噻唑类	55. 中性
56. 准速	57. 准	58. 超	59. 化学
60. 耐热老化	61. 低	62. 变软发黏	63. 变硬发脆
64. 高分子量	65. 加工反应型	66. 协同	67. 差
68. 高	69. 气相法	70. 低	71. 切胶
72. 热	73. 辊筒轴交叉法	74. 热流动性	75. 喂料段
76. 8	77. 混炼胶	78. 包辊	79. 污染
80. 切胶	81. 长度	82. 电动	83. 多刀
84. 宽度	85. 工作容积	86. 滑动式	87. 铅垫
88. 辊筒	89. 安全制动	90. 迅速制动	91. 电磁
92. 调距	93. 闭式	94. 减小辊距	95. 速比
96. 速比	97. 堆积胶	98. 10	99. 硫化剂
100. 延迟	101. 开炼机	102. 时间	103. 温度
104. 配合剂	105. 生胶	106. 吃粉	107. 分散程度
108. 生胶	109. 50	110. 配合剂	111. 变形的能力
112. 混炼时间	113. 越大	114. 分批投料	115. 表面处理
116. 停放	117. 流变仪	118. 100	119. 喷霜
120. 螺旋夹套式	121. 喷淋式	122. 双棱	123. 直径

124. 辊筒	125. 耐磨性	126. 冷硬铸铁	127. 中空
128. 调距装置	129. 停车处理	130. 速比	131. 线
132. 速比	133. 增大	134. 烘胶	135. 结晶
136. 烘房	137. 污染	138. 10～20	139. 水分
140. 150	141. 10	142. 间歇干燥	143. 先进先出
144. 1	145. 0.2	146. 薄通	147. 1:1.25～1:1.27
148. 140	149. 分散	150. 分散程度	151. 32°～45°
152. 左右割刀	153. 薄通	154. 50%	155. 16
156. 3	157. 硬度	158. $M_L+(M_H-M_L)\times90\%$	
159. 25	160. 2.0±0.2	161. 压延	162. 焦烧
163. 炭黑	164. 上限位	165. 焦烧	166. 质量

二、单项选择题

1. D　2. D　3. B　4. A　5. C　6. A　7. B　8. A　9. C
10. B　11. A　12. D　13. B　14. D　15. B　16. D　17. A　18. C
19. B　20. D　21. D　22. C　23. A　24. D　25. C　26. C　27. A
28. A　29. A　30. D　31. D　32. C　33. C　34. C　35. D　36. B
37. C　38. C　39. B　40. A　41. C　42. B　43. B　44. C　45. C
46. D　47. B　48. C　49. D　50. A　51. B　52. B　53. C　54. D
55. B　56. B　57. B　58. A　59. B　60. C　61. C　62. B　63. A
64. B　65. D　66. D　67. B　68. A　69. C　70. B　71. A　72. D
73. B　74. C　75. A　76. C　77. A　78. C　79. D　80. B　81. C
82. C　83. B　84. A　85. D　86. B　87. A　88. D　89. A　90. A
91. B　92. B　93. C　94. B　95. A　96. C　97. C　98. B　99. C
100. A　101. B　102. C　103. D　104. A　105. A　106. D　107. A　108. B
109. C　110. B　111. A　112. A　113. D　114. C　115. B　116. C　117. C
118. A　119. C　120. A　121. D　122. C　123. C　124. D　125. C　126. A
127. B　128. A　129. D　130. C　131. C　132. C　133. D　134. C　135. B
136. A　137. A　138. C　139. A　140. C　141. D　142. C　143. A　144. B
145. C　146. C　147. B　148. A　149. A　150. C　151. B　152. C　153. D
154. B　155. D　156. A　157. B　158. D　159. B　160. A　161. C　162. C

三、多项选择题

1. AD　2. BD　3. ABC　4. ACD　5. BCD　6. ABC　7. ABC
8. BCD　9. AD　10. ABC　11. ABCD　12. ABC　13. ABCD　14. ABC
15. ABC　16. ABC　17. ABCD　18. ACD　19. ABCD　20. ABCD　21. ACD
22. ABC　23. ABC　24. ABCD　25. ABCD　26. ACD　27. ABC　28. ABC
29. ABD　30. ACD　31. ACD　32. ABC　33. BCD　34. AC　35. ABC
36. ACD　37. ACD　38. ABD　39. ACD　40. ABD　41. ABD　42. ABC

43. BCD   44. ABC   45. ABC   46. ABC   47. ABC   48. ABCD   49. ABCD

50. AC   51. AB   52. ABCD   53. BC   54. AD   55. AB   56. ABCD

57. ABCD   58. CD   59. ABD   60. ACD   61. ABC   62. BD   63. ACD

64. AC   65. AB   66. AB   67. ABCD   68. ABC   69. ABCD   70. BCD

71. ABC   72. ABCD   73. ABCD   74. AB   75. AB   76. AC   77. ABD

78. BD   79. ABCD   80. ABD   81. ABCD   82. ABCD   83. CD   84. AB

85. ABC   86. ABD   87. AC   88. BCD   89. ABCD   90. ABCD   91. ACD

92. ABCD   93. BC   94. ABCD   95. AB   96. BC   97. BCD   98. AB

99. BCD   100. ABC   101. AD   102. BC   103. CD   104. BD   105. ABD

106. AB   107. AD   108. BC   109. BD   110. ABC   111. AB   112. CD

113. ABCD   114. ABD   115. ABCD   116. ABD   117. ABCD   118. ACD   119. ABC

120. AC   121. BC   122. ABCD   123. BD   124. ABCD   125. ACD   126. CD

127. ABCD   128. BCD   129. AB   130. BCD   131. CD   132. AC   133. ABC

134. ABCD   135. ABCD   136. CD   137. ABC   138. AC   139. ACD   140. ABC

141. AB   142. ABD   143. BCD   144. ABCD   145. BD   146. ABC   147. ABCD

148. ABCD   149. ABCD   150. AC   151. ABC   152. ABCD   153. AC   154. ABC

155. AB   156. BC   157. CD

四、判 断 题

1. ×   2. √   3. √   4. √   5. ×   6. √   7. ×   8. √   9. √

10. √   11. ×   12. √   13. ×   14. √   15. √   16. √   17. √   18. √

19. ×   20. ×   21. ×   22. √   23. √   24. ×   25. √   26. ×   27. √

28. ×   29. √   30. √   31. √   32. √   33. ×   34. ×   35. ×   36. √

37. ×   38. √   39. ×   40. ×   41. √   42. ×   43. √   44. √   45. ×

46. √   47. √   48. ×   49. √   50. √   51. √   52. ×   53. √   54. √

55. ×   56. √   57. ×   58. √   59. √   60. √   61. ×   62. ×   63. √

64. ×   65. √   66. √   67. √   68. √   69. √   70. ×   71. √   72. √

73. √   74. ×   75. ×   76. √   77. √   78. √   79. √   80. ×   81. √

82. ×   83. √   84. √   85. √   86. √   87. ×   88. √   89. √   90. √

91. √   92. √   93. ×   94. √   95. √   96. √   97. √   98. ×   99. √

100. √   101. ×   102. √   103. ×   104. √   105. √   106. √   107. ×   108. √

109. ×   110. ×   111. √   112. ×   113. √   114. √   115. ×   116. √   117. √

118. ×   119. ×   120. √   121. √   122. ×   123. √   124. √   125. ×   126. √

127. √   128. ×   129. ×   130. √   131. ×   132. √   133. √   134. √   135. √

136. ×   137. ×   138. √   139. √   140. ×   141. ×   142. √   143. ×   144. √

145. √   146. √   147. √   148. ×   149. √   150. √   151. ×   152. √   153. √

154. ×   155. √   156. √   157. √   158. √   159. √   160. √   161. √   162. √

163. √   164. ×   165. √   166. √   167. ×   168. √   169. √   170. ×

五、简 答 题

1. 答：混炼胶是生胶与各种配合剂经过加工混合均匀但未硫化的橡胶（3分），还是线形大分子（1分），可溶于有机溶剂（1分）。

2. 答：硫化胶是混炼胶在一定条件下，经交联而得到三维网状结构的橡胶（3分），但不能溶解（1分），只可溶胀（1分）。

3. 答：一个完整的配方包括生胶（1分）、硫化体系（1分）、补强与填充体系（1分）、防护体系及增塑体系（1分），有的还包括其他配合体系（1分）。

4. 答：橡胶加工中最基础最重要的5个工艺过程是塑炼（1分）、混炼（1分）、压延（1分）、压出（1分）和硫化（1分）。

5. 答：天然橡胶具有良好回弹性的原因是由于天然橡胶大分子本身有较高的柔性（5分）。

6. 答：塑性保持率（PRI）是指生胶在 140 ℃×30 min（2分）加热前后华莱士可塑度的比值（2分），以百分率表示（1分）。

7. 答：塑性保持率数值越高表明该生胶抗热氧化断链的能力越强（5分）。

8. 答：丁苯橡胶的特点是：1）抗湿滑性能好；2）耐磨性能好；3）耐老化、耐热性能、抗撕裂性能较好；4）自黏性、互黏性差；5）滞后损失大，硫化胶生热高。（答对1个得1分）

9. 答：顺丁橡胶的特点是：1）高弹性、耐寒性（－72 ℃）；2）生热最低，动态耐疲劳性好、适于胎侧；3）耐磨性好，适合用于胎面；4）强度最低；5）加工性能差，包辊性差；6）储存时具有冷流性。（至少列举5条，每条1分，共5分）

10. 答：目的在于使胶料恢复疲劳（2分），松弛混炼时受到的机械应力（1分），减少胶料收缩（1分），而且有助于配合剂进一步地分散（1分）。

11. 答：活化剂的作用是：活化整个硫化体系、提高硫化胶的交联密度、提高硫化胶的耐热老化性能。（答对1个得2分，全对得5分）

12. 答：硫化胶的性能取决于橡胶本身的结构、交联密度和交联键的类型。（答对1个得2分，全对得5分）

13. 答：噻唑类、秋兰姆类、次磺酰胺类、胍类、二硫代氨基甲酸盐类、硫脲类、醛胺类等。（至少列举5个，每个1分，共5分）

14. 答：普通硫黄硫化体系、半有效硫黄硫化体系、有效硫黄硫化体系、平衡硫黄硫化体系。（答错1个扣1分，全错扣5分）

15. 答：1）焦烧时间长、操作安全；2）热硫化速度快、硫化温度低；3）硫化曲线平坦性好；4）硫化胶具有高强度及良好耐老化性能；5）无毒、无臭、无污染；6）来源广泛、加工低廉。（至少列举5条，每条1分，共5分）

16. 答：分子链降解、分子链之间产生交联、主链或者侧链的改变。（答对1个得2分，全对得5分）

17. 答：1）橡胶的臭氧老化是一种表面反应；2）未受拉伸的橡胶暴露在臭氧环境中时，橡胶与臭氧反应直到表面上双键完全反应掉以后终止，在表面上形成一层类似喷霜状的灰白色的硬脆膜；3）橡胶在产生臭氧龟裂时，裂纹的方向与受力的方向垂直。（答对1个得2分，全对得5分）

18. 答：橡胶的疲劳老化是指在交变应力或应变作用下（2分），使橡胶的物理机械性能逐渐变坏(1.5分)，以至最后丧失使用价值的现象(1.5分)。

19. 答：塑炼目的：为了获得工艺要求的可塑性(1分)，使混炼过程中橡胶与配合剂易于混合而且分散均匀(1分)，在压延时胶料易于渗入纤维(1分)，在挤出和成型时容易操作(1分)，胶料的溶解性和黏着性得以提高，并且获得适当的流动性(1分)。

20. 答：为了使生胶软化(1分)，清除结晶、硬化现象(1分)，减少加工困难(1分)，缩短加工时间(1分)，降低电能损耗(1分)。

21. 答：转速低胶料升温慢(1分)，黏度低(1分)，剪切力大(1分)，有利于配合剂的分散(2分)。

22. 答：具有装胶容量大、混炼时间短、生产效率高、劳动强度小、粉尘飞扬小、操作安全等优点。(答对1个得1分，全对得5分)

23. 答：粒径在40 nm以下的(2分)，补强性高的炭黑是硬质炭黑(3分)。

24. 答：粒径在40 nm以上的(2分)，补强性低的炭黑是软质炭黑(3分)。

25. 答：又称炭黑凝胶(2分)，是指炭黑混炼胶中不能被它的良溶剂溶解的那部分橡胶(3分)。

26. 答：薄通塑炼法、包辊塑炼法、分段塑炼法、化学塑解剂塑炼法。(答错1个扣1分，全错扣5分)

27. 答：辊温、辊距、时间、速比、辊速、容量、操作熟练程度。(至少列举5个，每个1分，共5分)

28. 答：温度、时间、化学塑解剂、转子速度、装胶容量、上顶栓压力。(至少列举5个，每个1分，共5分)

29. 答：配料工艺质量的好坏，直接影响下道工序的顺利进行(2分)。如果配料工艺出错，会产生废品、次品，给生产带来不可挽回的损失(2分)。因此，配料工艺是保证生产顺利进行和保证产品质量的第一关(1分)。

30. 答：准确、不错、不漏。(答对1个得2分，全对得5分)

31. 答：烘胶、切胶、选胶、破胶。(答错1个扣1分，全错扣5分)

32. 答：1)生胶进入烘房前要按照实验规定取样化验；2)合格后的生胶需清理表面杂质，才能进入烘房；3)生胶不可与加热器接触，以免生胶受高温老化变质；4)生胶块之间应稍有空隙，使其受热均匀；5)进入烘房后生胶应按照日期、时间分别堆放，做到先进先出。(答对1个得1分，全对得5分)

33. 答：为了使混炼能够顺利进行(2.5分)，确保混炼胶的质量(2.5分)。

34. 答：自动称量和投料可远距离操作(1分)，远距离指示(1分)，称量误差小(1分)，而且可以称量多种配合剂(1分)，有利于实现橡胶制品作业的流水作业(1分)。

35. 答：基本配方、质量百分数配方、体积百分数配方、生产配方。(答错1个扣1分，全错扣5分)

36. 答：防焦剂能防止胶料在操作期间产生早期硫化(2分)，同时一般又不妨碍硫化温度下促进剂量正常作用(1分)。加入该类物质的目的是提高胶料操作安全性(1分)，增加胶料或胶浆的储存寿命(1分)。

37. 答：物体受外力变形(2分)，当外力除去后，能恢复原状的性质(3分)。

38. 答：物体受外力变形(2分)，当外力除去后，不能恢复原状的性质(3分)。

39. 答：按照来源用途分为天然胶和合成胶(1分)，合成胶又分为通用橡胶和特种橡胶(1

分);按照化学结构分为碳链橡胶、杂链橡胶和元素有机橡胶(2分);按照交联方式分为传统热硫化橡胶和热塑性弹性体(1分)。

40. 答:优点:能提高塑炼效率(1分),缩短塑炼时间,降低塑炼胶弹性恢复和收缩(1分)。缺点:塑炼温度控制范围窄(1分)。温度太低,塑解剂不能完全发挥作用(1分);温度太高会导致塑炼效果下降(1分)。

41. 答:密炼机塑炼常用的方法通常有一段塑炼、分段塑炼和添加化学塑解剂塑炼。(答对1个得2分,全对得5分)

42. 答:1)物理—化学法;2)物理—力学性能测定法;3)专用仪器法。(答对1个得2分,全对得5分)

43. 答:混炼一定时间后,若继续进行长时间混炼对提高配合剂的分散程度并不太显著(2分);过炼会破坏橡胶分子结构(1分),降低成品性能(1分);过炼会增大能耗(1分)。

44. 答:结合橡胶的生产量与补强填充剂的粒子大小(2分)、用量及其表面的活性(1分)、橡胶的品种(1分)、混炼加工的条件(1分)等因素有关。

45. 答:包辊、吃粉、翻炼。(答对1个得2分,全对得5分)

46. 答:辊温、切变速率、生胶的特性。(答对1个得2分,全对得5分)

47. 答:一段混炼(2.5分)和分段混炼(2.5分)。

48. 答:一段混炼是指通过开炼机一次混炼就能制成混炼胶的方法(5分)。

49. 答:分段混炼的第一段同一段混炼法一样,只是不加硫化体系(2分),然后下片冷却停放8 h以上(1分);第二段是对第一段混炼的补充加工,然后加硫化体系(1分),待混炼均匀后下片停放(1分)。

50. 答:1)在吃粉时不要割刀。2)对用量少质量轻的配合剂和容易飞扬的炭黑,最好以母炼胶或膏剂的形式加入。3)当所有配合剂吃净后,加入余胶,进行翻炼。(答对1个得2分,全对得5分)

51. 答:装胶容量过大或过小都不能使胶料得到充分的剪切和捏合(2.5分),会造成混炼不均匀和硫化胶物理机械性能波动(2.5分)。

52. 答:提高转子转速,能缩短混炼时间(2.5分),提高密炼机的生产能力(2.5分)。

53. 答:表面处理、造粒、母炼、选择适当加料方式。(答错1个扣1分,全错扣5分)

54. 答:混炼胶邵氏硬度过大、过小或者不均的原因:过硫、欠硫(1分);硫化剂、促进剂、补强剂用量多于或者少于标准(2分);橡胶、软化剂用量少于或者多于标准(1分);混炼胶混炼不均匀(1分)。

55. 答:原因有:配合剂称量不准确、错配或者漏配(1分);混炼加料时错加或者漏加,混炼不均匀等(1分);生胶、软化剂少加或者多加(1分);填充补强剂多加或者少加(1分);炼胶时粉状配合剂飞扬损失过多(1分)。

56. 答:为了评估混炼胶质量,需进行检查试验(1分)。通常采用的检查项目可分四大类:分散度检查(1分)、均匀度检查(1分)、流变性能检查(1分)和物理机械性能检查(1分)。

57. 答:装胶容量过大,会使辊筒上面的堆积胶过多降低混炼效果,影响配合剂的分散,胶料散热不良,劳动强度加大,并致使设备超负荷,轴承磨损加剧(3分);装胶容量过小,降低生产效率(2分)。

58. 答:固体软化剂(如古马隆树脂)较难分散,所以先加入(1分);液体软化剂一般待粉状配合剂吃尽以后再加(1分),以免粉剂结团和胶料柔软打滑,使混炼不均匀(1分);若补强填充剂和液体软化剂用量较多时,可分批交替加入(1分),以提高混炼速度(1分)。

59. 答:浅色胶料、特殊胶料、品种变换频繁的胶料以及温度敏感的胶料。(答错1个扣1分,全错扣5分)

60. 答:1)由于混炼室内温度高,且不易控制,冷却水耗量大;2)不适合温度敏感性大的配合剂混炼;3)一个机台不适合炼多种颜色的胶料;4)密炼机排料为不规则块状,需配备压片机或挤出机出片;5)设备投资高。(答对1个得1分)

61. 答:填料亲水性可以作为填充剂混入橡胶难易的判断和标准(2分),亲水性越强,混入橡胶越困难(3分)。

62. 答:亲水配合剂因粒子表面特征与生胶不同(2分),两者界面极性相差较大(1分),与生胶作用活性小(1分),不易被橡胶所湿润(1分),混炼难以均匀分散。

63. 答:疏水配合剂粒子表面特征与生胶接近(2分),两者界面极性相差较小(1分),与生胶作用活性大(1分),容易被橡胶所湿润,较易分散(1分),因此混炼效果好。

64. 答:亲水性配合剂在生胶中难以分散且分散程度差(2.5分);疏水性配合剂易分散,分散程度高(2.5分)。

65. 答:切胶机的类型有单刀和多刀、立式和卧式之分。(答错1个扣1分,全错扣5分)

66. 答:多刀切胶机的生产能力较单刀切胶机高(2分);卧式切胶机比立式切胶机更易于组织联动作业,但占地面积较大,所以单刀切胶机用于中小型工厂(2分),而大规模工业生产应采用卧式多刀切胶机(1分)。

67. 答:开炼机由辊筒、辊筒轴承、机架和横梁、机座等主要零部件及传动装置、调距装置、安全制动装置、辊温调节装置、润滑装置等组成。(至少列举5个,每个1分,共5分)

68. 答:密炼机一般由混炼室转子部分、加料及压料装置部分、卸料装置部分、传动装置部分、加热冷却及气压、液压、电控系统等部分组成。(答对1个得1分,全对得5分)

69. 答:根据密炼机转子断面形状不同(2分),可分为:椭圆形转子密炼机(1分)、圆筒形转子密炼机(1分)、三棱形密炼机(1分)三种。

70. 答:密炼机开车前,检查安全栏杆、防护罩是否齐全牢固,各种紧固件有无松动现象(2分);检查注油器和减速机的油位(1分);检查风、水、电仪表是否灵敏可靠,并启动加料门、上顶栓和卸料门观察是否运动正常(2分)。

六、综合题

1. 解:$\rho = 1.15 \text{ g/cm}^3 = 1.15 \text{ kg/L}$ (2分)

$m_{max} = V_{max} \cdot \rho$ (2分)

$\quad\quad = K_{max} \cdot D \cdot L \cdot \rho$ (2分)

$\quad\quad = 0.008\,5 \text{ L/cm}^2 \times 40 \text{ cm} \times 100 \text{ cm} \times 1.15 \text{ kg/L}$ (2分)

$\quad\quad = 39.1 \text{ kg}$ (2分)

答:XK-400开炼机最大装胶容量为39.1 kg。

2. 答:随着温度升高,橡胶流动性增加(2分),分子间拉力减小(2分),弹性和强度降低(2分),出现脱辊胶片破裂现象(2分)。

改善方法:可采取增强冷却效果降低胶料温度、减小辊距的方法进行改善(2分)。

3. 解：$m_{max} = 60 \cdot q \cdot \rho \cdot a_{max}/t$ （4分）

$\quad = 60 \times 39 \text{ L} \times 1.15 \text{ kg/L} \times 0.9/23$ （4分）

$\quad = 105.3 \text{ kg}$ （2分）

答：该开炼机的最大生产能力为 105.3 kg。

4. 解：$F_{(sy)1} = 63.50 \text{ N}/2.02 \text{ mm}(1分) = 31.4 \text{ N/mm} \approx 31 \text{ kN/m}$ （1分）

$F_{(sy)2} = 63.70 \text{ N}/2.06 \text{ mm}(1分) = 30.6 \text{ N/mm} \approx 31 \text{ kN/m}$ （1分）

$F_{(sy)3} = 63.80 \text{ N}/2.06 \text{ mm}(1分) = 31.0 \text{ N/mm} \approx 31 \text{ kN/m}$ （1分）

$F_{(sy)4} = 63.45 \text{ N}/2.03 \text{ mm}(1分) = 31.3 \text{ N/mm} \approx 31 \text{ kN/m}$ （1分）

$F_{(sy)5} = 63.75 \text{ N}/2.04 \text{ mm}(1分) = 31.2 \text{ N/mm} \approx 31 \text{ kN/m}$ （1分）

答：该试样的撕裂强度是 31 kN/m。

5. 解：$\delta_1 = 144.06 \text{ N}/(4.0 \times 10^{-3} \text{ m} \times 1.87 \times 10^{-3} \text{ m})$ （1分）

$\quad = 1.93 \times 10^7 \text{ N/m}^2 = 19.3 \text{ MPa}$ （1分）

$\delta_2 = 149.00 \text{ N}/(4.0 \times 10^{-3} \text{ m} \times 1.88 \times 10^{-3} \text{ m})$ （1分）

$\quad = 1.98 \times 10^7 \text{ N/m}^2 = 19.8 \text{ MPa}$ （1分）

$\delta_3 = 145.30 \text{ N}/(4.0 \times 10^{-3} \text{ m} \times 1.92 \times 10^{-3} \text{ m})$ （1分）

$\quad = 1.89 \times 10^7 \text{ N/m}^2 = 18.9 \text{ MPa}$ （1分）

$\delta_4 = 142.30 \text{ N}/(4.0 \times 10^{-3} \text{ m} \times 1.85 \times 10^{-3} \text{ m})$ （1分）

$\quad = 1.93 \times 10^7 \text{ N/m}^2 = 19.3 \text{ MPa}$ （1分）

$\delta_5 = 151.07 \text{ N}/(4.0 \times 10^{-3} \text{ m} \times 2.01 \times 10^{-3} \text{ m})$ （1分）

$\quad = 1.88 \times 10^7 \text{ N/m}^2 = 18.8 \text{ MPa}$ （1分）

答：该试样的拉伸强度是 19.3 MPa。

6. 答：优点：连续化生产、自动化程度高、生产能力大、设备简单、动力消耗小、占地面积小、劳动强度小。（至少列举 5 个，每个 2 分，共 10 分）

7. 答：1）配合剂量少而且难以分散的先加；2）用量多而且容易分散的后加；3）液体软化剂在补强剂之后加；4）硫黄和促进剂分开加；5）临界温度低，化学活性大对温度敏感的配合剂，在温度降低之后最后加入。（答对 1 个得 2 分）

8. 答：1）生胶：母体材料，提供最主要的性能；2）硫化体系：包括硫化剂、促进剂、活化剂。使橡胶由线形变成网状，可提高胶料的强度、稳定产品尺寸和形状；3）补强填充体系：包括补强剂、填充剂。提高化学性能，改善加工工艺性能，增大体积，降低成本；4）防护体系：通过化学、物理作用，延长制品寿命；5）增塑体系：增大流动性，降低胶料黏度，改善加工性能，降低成本。（答对 1 个得 2 分）

9. 答：亲水性排序：白炭黑＞陶土＞滑石粉＞碳酸钙＞氧化锌＞炭黑（10 分）。

10. 答：基本配方（1 分）、质量百分数配方（1 分）、体积百分数配方（1 分）、生产配方（1 分）。

四种配方形式以第一种最为普遍，在进行配方设计时，首先制定出这种基本配方形式，其他三种形式都是以这种形式换算出来（2分）。质量百分数配方和体积百分数配方都很有实用意义，显示了胶料中生胶和各种配合剂的质量或体积百分数含量（1分），大多数制品的生产，都是以质量或体积来计算其经济价值的，所以可以利用这两种配方形式对成品或半成品进行成本核算及比较原材料的消耗（1分）。生产配方由于配方胶料的总质量与炼胶机的容量是一致的,而且各组分又是以公斤为单位,便于工人称量配合,所以是生产中实际使用的配方形式(2分)。

11. 答:在四种配方形式中,基本配方最为普遍,其他三种都是从基本配方换算得来的。其换算方法如下:

1)质量百分数配方的换算

这种换算是求基本配方中各成分的质量百分数。换算时用每一组份的份数去除以基本配方的总份数再乘以100即可(1分)。公式如下:

配方组分质量百分数=基本配方中组分份数/基本配方总份数×100(1分)

2)体积百分数配方的换算

计算体积百分数,首先要在原材料技术标准中查出胶料各种组份的密度,再用该组份的质量去除以密度,即得该组份的体积(1分);然后将各组份的体积加起来求出总体积,换算时用每一组份的体积去除以总体积再乘以100即可(1分)。

配方组分体积=基本配方组分的质量份数/该组分的密度×100(1分)

配方组分体积百分数=配方组分体积/配方的总体积×100(1分)

3)生产配方的换算

计算生产配方时首先根据技术条件规定的容量确定每车混炼胶的质量即炼胶机一次容量,然后用基本配方的总质量份去除炼胶机的一次容量即可得出换算系数(1分);然后用换算系数去乘基本配方中各种配合剂的质量份数,即得出生产配方各组分的质量(1分)。

换算系数=炼胶机一次容量(kg)/基本配方的总质量份数(1分)

生产配方各组分的质量=基本配方各组分的质量份数×换算系数(1分)

12. 答:密炼机混炼胶料排料后,温度高且呈不规则块状,因此需要进行压片和造粒(2分),主要作用如下:1)降低胶料温度,以利于加硫黄操作,防止焦烧(2分);2)完成加硫黄作业(2分);3)加硫黄后的翻炼可起到精炼作用(2分);4)制成一定形状,以利于冷却和堆垛(2分)。

13. 答:混炼胶料经过混炼加工,再经过压片或造粒后,温度较高(3分),如果不及时冷却,胶料则容易产生焦烧现象(3分),并且在停放的过程中易于产生粘连,给下道工艺造成麻烦(2分),因此胶片从压片机下来后经胶片冷却装置浸隔离剂,风冷,收料(2分)。

14. 答:胶料经过冷却后一般需要停放8 h以上才能使用(2分),目的是使胶料恢复混炼时所受到的机械应力(2分),减少胶料收缩(2分)。并且在停放过程中配合剂在胶料中仍能继续扩散,提高了分散的均匀性(2分),同时还能使橡胶与炭黑之间进一步生成结合橡胶,提高补强效果(2分)。

15. 答:检查消耗功率记录、检查辊筒压力记录、检查混炼温度记录、检查混炼效应记录。(答对1个得2.5分)

16. 答:为了评定混炼胶质量,需进行检查试验(2分)。检验的目的是为了判断胶料中的配合剂是否分散良好(2分),是否分散均匀(2分),有无漏加和错加(2分),操作是否符合工艺要求等(2分)。

17. 答:指在多次变形条件下,使橡胶大分子发生断裂或者氧化(2分),结果使橡胶的物性及其他性能变差(2分),最后完全丧失使用价值(2分),这种现象称为疲劳老化。老化机理主要有机械破坏理论(2分)和力化学理论(2分)。

18. 答:(1)各种原材料与配合剂的质量检验:配合剂的检验包括纯度、粒度及其分布、机械杂质、灰分及挥发分、酸碱度等;生胶的检验包括化学成分、门尼黏度、物理机械性能(2分)。

(2)对某些配合剂进行补充加工:固体配合剂的粉碎、干燥和筛选;低熔点固体配合剂的融化和过滤;液体配合剂的加温和过滤;粉状配合剂的干燥和筛选(2分)。

(3)油膏与母炼胶的制造:为防止粉状物料的分散、损失及环境污染,有时候将某些配合剂、促进剂等事先以较大比例与液体软化剂混合制成膏状使用;而母炼胶是某些配合剂与生胶单独混合制成的物料(4分)。

(4)称量配合操作:即按配方规定的原材料品种和用量比例,以适当的衡器进行称量搭配(2分)。

19. 答:措施有:适当提高压延机辊筒表面的温度、提高压延半成品的停放温度、降低压延速度、适当增加胶料的可塑度。(答对1个得2.5分)

20. 答:对于混炼,粒径:粒径小,吃料慢,难分散,生热高,黏度高(2分)。结构:结构高,吃料慢,易分散,生热高,黏度高(2分)。活性:活性高,生热高,黏度高,对吃料、分散影响不显著(2分)。对于加工工艺(压延、挤出),炭黑粒径小、结构度高、用量大,压延挤出半成品表面光滑,收缩率低,压出速度快(2分)。对于焦烧性,炭黑表面含氧基团多,pH值低,硫化速度慢(1分);炭黑粒径小,结构高,易焦烧,硫化速度快(1分)。

21. 答:炭黑表面上有自由基、氢、含氧基团(3分)。炭黑的pH值与表面的含氧基团有关(4分),含氧基团含量高,pH值低,反之亦然(3分)。

22. 答:1)混炼胶产生喷霜的原因:配合剂与橡胶的相容性差、配合剂用量过多、加工温度过高,时间过长、停放时降温过快、温度过低、配合剂分散不均匀(3分)。

2)硫化胶产生喷霜的原因:与橡胶相容性差的防老剂或促进剂用量多了、胶料硫化不熟,欠硫、使用温度过高,贮存温度过低、胶料过硫,产生返原(3分)。

减轻喷霜的措施:低温炼胶、使用不溶性硫黄、用硫载体取代部分硫黄、适当提高混炼胶的停放温度(25~30℃)、采用促进剂或防老剂并用,减少单一品种的用量、胶料中添加能够溶解硫黄的增塑剂如煤焦油、古马隆树脂、使用防喷剂(4分)。

23. 答:为了控制混炼胶的质量,以保证胶料在以后加工工序中的工艺性能和最终产品的性能(2分)。生产中对每次的混炼胶都要进行快检(2分),快速检验的目的是:判断胶料中的配合剂分散是否良好、有无漏加和错加(2分),以及操作是否符合工艺要求(2分),以便及时发现问题和进行补救(2分)。

24. 答:硫化是一个交联过程,必须通过一定时间才能完成(2分)。硫化时间是由胶料配方和温度决定的,对于给定的胶料来说,在一定的硫化温度和压力下,有一最宜硫化时间,即通常所称的正硫化时间(2分)。时间过长会产生过硫(1分),时间过短则欠硫(1分)。过硫和欠硫的制品性能都较差(1分)。因此,除了操作中出现故障,硫化时间需要根据情况进行适当变更外(1分),正常生产的情况下,不允许随意改动硫化时间(2分)。

25. 答:硫化温度和硫化时间是互相依赖的(2分):硫化温度高,硫化速度快(2分),硫化时间则短(4分);硫化温度低,硫化速度慢,硫化时间则长(4分)。

26. 答:密炼机混炼效果的好坏除加料顺序外(2分),还取决于混炼温度(2分)、装胶容量(2分)、转子转速(2分)、混炼时间与上顶栓压力等因素(2分)。

27. 答:开炼机混炼的特点:1)是橡胶工业中最古老的混炼方法;2)生产效率低、劳动强度大、环境卫生差、操作不安全、胶料质量不高;3)灵活性大,适用于小规模、小批量、多品种的生产;4)特别适合特殊胶料以及某些生热较大的合成胶和彩色胶的混炼;5)在小型橡胶厂使用比较普遍。(答对 1 个得 2 分)

28. 答:优点:1)混炼时间短,生产效率高,混炼质量好;2)装胶容量大,投料、混炼和排胶操作易于机械化、自动化;3)劳动强度小,操作安全性大;4)配合剂飞扬损失小、污染小;5)工作场地卫生条件好;6)按生产能力论,设备占用面积小。(至少列举 5 个,每个 2 分,共 10 分)

29. 答:1)可塑性的大小主要根据胶料的工艺性能要求和硫化胶的物理机械性能要求来确定;2)在保证满足工艺加工过程需要的前提下,塑炼胶的可塑性不能过大,生胶的可塑性要尽量小;3)塑炼胶的可塑度大小必须适当,应当避免生胶的过度塑炼。(答错 1 点扣 3 分,全错扣 10 分)

30. 答:1)按机理分:机械作用和氧作用;2)按温度分:高温塑炼和低温塑炼;3)按工艺分:机械塑炼法和化学塑炼法。(答错 1 个扣 3 分,全错扣 10 分)

31. 答:橡胶是高分子化合物,相对分子量由几十万到一百万不等,平均相对分子量可达 35 万(2 分)。它是由许多细而长的分子链构成的,主链通常是 C—C 键,各个链节都在不停地运动着(2 分),同时化学键和原子也都在不断地旋转和振动,这些分子链具有很强的柔顺性和移动性(2 分),常态下卷曲成不规则的线团,当受到外力拉伸时,分子链就会伸展(2 分),外力去掉后分子链又恢复了卷曲收缩状,在宏观上人们就看到了伸长和恢复,即产生弹性(2 分)。

32. 答:影响橡胶分子链断裂的因素有五个方面:机械力作用(2 分)、氧的作用(2 分)、热的作用(2 分)、化学塑解剂的作用(2 分)、静电的作用(2 分)。橡胶在塑炼过程中几个因素的作用同时存在。

33. 答:1)宏观作用:化学塑解剂能缩短混炼时间,提高混炼效果(4 分)。2)微观作用:塑解剂本身受热、氧作用分解成自由基,导致橡胶分子发生氧化降解(4 分);自由基能封闭橡胶分子链的端基,使其失去活性,阻止重新结聚(2 分)。

34. 答:影响:辊距越小,塑料效果越好(4 分)。

原因:在同样速比下,辊距越小(1 分),两辊间的速度梯度越大(1 分),胶片变薄易于冷却(1 分),冷却后生胶变硬(1 分),受机械剪切力作用增大(1 分),塑炼效果随之变大(1 分)。

35. 答:影响:以天然橡胶为例,开始阶段胶料可塑度迅速增大(2 分),随后趋于平缓(2 分)。

原因:由于生胶经剪切后温度升高而软化,分子链容易滑动,不易被剪切力所破坏,从而使塑炼效果降低(4 分)。生胶要获得较大的可塑度,必须采取分段塑炼法(2 分)。

橡胶炼胶工(高级工)习题

一、填空题

1. 塑炼会造成橡胶分子量(　　)。

2. 配合剂均匀的(　　)于橡胶中是取得性能优良、质地均匀制品的关键。

3. 混炼终炼胶时,如果加料顺序不当,最严重的后果是导致(　　)。

4. 臭氧老化能使橡胶制品表面发生(　　)现象。

5. 开炼机炼胶时胶料的(　　)是胶料在辊筒上的重要加工性能。

6. 使用鼓式干燥机、螺旋干燥机、带式干燥机等对配合剂进行干燥的方法是(　　)。

7. 配合剂干燥的目的是除去或减少配合剂中所含的(　　)和低挥发物。

8. 结晶性橡胶在伸长时能(　　)结晶,使拉伸强度大大提高。

9. 生胶温度升高到流动温度时成为黏稠的液体;在溶剂中发生溶胀和溶解,必须经过(　　)才具有实际用途。

10. 橡胶的丙酮抽出物主要成分是(　　)和固醇类物质。

11. 开炼机混炼下片后,胶片温度冷却到(　　)℃以下,方可叠层堆放。

12. 天然橡胶常规开炼机混炼时,最后加入的配合剂是(　　)。

13. 丁腈橡胶是(　　)和丁二烯的共聚物。

14. 二元乙丙橡胶是乙烯和丙烯的定向聚合物,主链不含双键,不能用硫黄硫化,只能用(　　)硫化。

15. 智能控制使混炼工艺在最优条件下,生产出质量(　　)的混炼胶。

16. 进行样品检验时的标准环境温度是(　　)℃。

17. 热塑性弹性体制品注射加工时利用的是聚合物的(　　)物理状态。

18. 进行物性检验时,一般一组试样不得少于(　　)个。

19. 压延后胶片会出现性能上的(　　)现象,称为压延效应。

20. 三元乙丙橡胶在汽车上的用途越来越广泛的主要原因是它的(　　)性能特别好。

21. GB/T 528—2009 中规定,Ⅰ号哑铃型橡胶试样在做拉伸试验时,其拉伸速度为(　　)mm/min。

22. GB/T 528—2009 中规定,橡胶试样在切取哑铃状试样时,裁刀的长度方向应与(　　)方向一致。

23. GB/T 531.1—2008 中规定,在进行橡胶试片的邵氏 A 硬度测定时,压针和试样接触位置距离试片边缘至少(　　)mm。

24. 橡胶部件在长期使用中出现龟裂的质量问题,其主要原因是材料的(　　)性能差。

25. 硫化橡胶的拉伸强度、扯断伸长率的最终取值为 5 个试样计算结果的(　　)值。

26. 橡胶是一种有机(　　)化合物,是工业上用途广泛的工程材料。

27. 胶料经热炼后能进一步（　　）配合剂分散均匀性。

28. 密炼机塑炼方法通常有（　　）、分段塑炼和添加化学塑解剂塑炼。

29. 对于所有的橡胶制品，必须经过炼胶和（　　）两个加工过程。

30. 胶料硫化特性试验的结果计算公式，t_{90}所对应的转矩＝$M_H+(M_H-M_L)\times90\%$，那t_{10}所对应的转矩＝（　　）。

31. 生胶的加工包括洗胶、（　　）、切胶、破胶、塑炼五个工序。

32. 要使生胶转变为具有特定性能、特定形状的橡胶制品，要经过一系列复杂的加工过程。这个过程包括橡胶的配合及（　　）。

33. 橡胶工业上把橡胶按照其来源可分为天然橡胶和（　　）这两大类。

34. 烘胶设备包括烘房、烘箱、（　　）和高频电流等。

35. 理想的硫化曲线应满足：焦烧时间足够长、（　　）、平坦期尽可能长。

36. 影响硫化胶质量的因素有压力、（　　）和时间，又称硫化的三要素。

37. 一个完整的橡胶配方基本由以下五大体系组成，分别是生胶、硫化体系、补强与填充体系、（　　）和增塑体系。

38. 生胶，即尚未被交联的橡胶，由线形大分子或者带支链的线形大分子构成。随着温度的变化，它有三态，即玻璃态、高弹态和（　　）。

39. 一个完整的硫化体系包括硫化剂、促进剂和（　　）三部分。

40. 辊速和速比一定时，辊距越（　　），机械塑炼效果越大。

41. 生胶塑炼前的准备工作包括选胶、（　　）、切胶和塑炼过程。

42. 保证生产顺利进行和保证产品质量的第一关是（　　）工艺。

43. 开炼机规格用（　　）工作部分的直径和长度来表示。

44. 炭黑和白炭黑是橡胶工业上主要的（　　）。

45. 常用的补强性炭黑有高耐磨炉黑、中超耐磨炉黑、快压出炉黑、半补强炉黑、（　　）。

46. 炭黑按制造方法可分为（　　）、槽法炭黑、热裂解炭黑、新工艺炭黑。

47. 白炭黑的化学成分是二氧化硅，可分为气相法和（　　）两大类，其补强效果次于炭黑。

48. 链终止型防老剂根据其作用方式可分为加工反应型、（　　）与橡胶单体共聚型和高分子量防老剂三类。

49. 当防老剂并用时，可产生（　　）、加和效应和协同效应，根据产生协同效应的机理不同，又可分为杂协同效应和均协同效应两类。

50. 橡胶发生老化的主要因素有热氧老化、光氧老化、臭氧老化和（　　）。

51. 改善氧化锌混炼分散的方法有四种：表面处理、造粒、（　　）和选择合适的加料方式。

52. 除去或减小配合剂中所含的水分和低挥发性物质的工艺过程是（　　）。

53. 压缩样 DBP 吸油值法时需要炭黑的量是（　　）g。

54. 胶片冷却的目的是降低胶温和涂隔离剂，避免存放时粘在一起和发生（　　）。

55. 开炼机的几个重要的工作参数有辊速、速比和（　　）。

56. 影响橡胶黏度的最重要因素有分子量、温度和（　　）。

57. 开炼机的主要零部件有（　　）、辊筒轴承、调距装置和安全制动装置。

58. 开炼机的塑炼工艺方法分为四类：薄通塑炼法、包辊塑炼法、分段塑炼法和（　　）塑炼法。

59. 开炼机辊筒结构有两种:一种为中空结构,另一种为(　　)结构。

60. 橡胶硫化的历程可分为四个阶段:焦烧阶段、(　　)、平坦硫化阶段和过硫化阶段。

61. 硫化可分为室温硫化和热硫化。后者分为(　　)和间接硫化。

62. 密炼机椭圆转子按其螺旋突棱的(　　)不同,可分为双棱转子和四棱转子。

63. 密炼机混炼室的冷却方式有喷淋式、(　　)式、夹套式和钻孔式四种。

64. 密炼机转子的冷却方式可分为(　　)式和螺旋夹套式两种。

65. 通常采用的混炼胶的检查项目可分为四类:(　　)检查、均匀度检查、流变仪性能检查和物理机械性能检查。

66. 密炼机混炼效果的好坏除了加料顺序外,主要取决于(　　)、装胶容量、转子转速、混炼时间与上顶栓压力。

67. 混炼的方法一般可分为(　　)混炼、开炼机混炼和连续混炼。

68. 开炼机辊筒的温度调节有(　　)调温机构和闭式调温机构。

69. 密炼机的(　　)装置的结构形式有滑动式和摆动式两种。

70. 用混炼室工作容积和长转子的转数来表示的是(　　)的规格。

71. 切胶机的类型有单刀和多刀、(　　)和卧式之分。

72. 开炼机调距装置的结构形式分为手动、电动和(　　)三种。

73. 根据胶料在单螺杆中的运动情况,可将螺杆的工作部分分为喂料段、压缩段和(　　)三段。

74. 为减小挠度对压延半成品宽度方向上厚度不均匀的影响,通常采用三种补偿方法,即凹凸系数法、辊筒轴交叉法和(　　)预弯曲法。

75. 混炼过程中,补强填充剂粒径越小,比表面积越大,越难(　　)。

76. 促进剂按 pH 值可分为酸性、中性和(　　)三类。

77. 促进剂按硫化速度可分为慢速促进剂、中速促进剂、准速促进剂、(　　)促进剂和超超速促进剂五类。

78. 开炼机操作时,试辊筒温度时手指朝下与辊筒运转方向(　　),不准顺辊筒或超过安全线试温。

79. 开炼机操作时,推胶时必须将手(　　)进行,不准超过安全线。

80. 开炼机操作时,机器在运转过程中,发现胶内有杂质、杂物时,必须等(　　)后才能取出杂质、杂物。

81. 密炼机排料后,胶在漏斗处堵住时,胶料必须(　　),不得在下面伸头往上看或用钩子往下钩。

82. 通过对亲水性配合剂表面进行(　　),可以提高其在橡胶中的分散程度。

83. 将各种(　　)混入具有一定塑性的生胶中制成质量均匀的混炼胶的过程叫混炼。

84. 密炼机混炼可分为三个阶段,即湿润、分散和(　　)。

85. 开炼机混炼时,吃粉是(　　)混入胶料的过程。

86. 开炼机混炼顺丁橡胶的时候,当辊温超过 50 ℃时,易发生(　　)、破裂现象。

87. 包辊状态的影响因素有辊温、切变速率和(　　)的特性。

88. 硬脂酸是炭黑的良好分散剂,其加入顺序是在加炭黑(　　)加入。

89. 固体软化剂由于较(　　)分散,应和生胶一起加入。

90. 填料亲水性可作为填充剂混入橡胶难易的判据和标准,亲水性越强,混入橡胶越(　　)。

91. 由于炭黑在胶料中的用量大,为获得良好的(　　),可采用分批投料的办法。

92. 氧化锌不易分散的原因是混炼时与生胶一样带负电荷,二者(　　)。

93. 顺丁橡胶冷流性较大,包辊性差,混炼时易脱辊,故开炼机混炼效果(　　)。

94. 胶料经冷却后一般要停放 8 h 以上才能使用,目的是使胶料充分恢复,减少胶料(　　)。

95. 为了避免胶片在停放时产生(　　),需要涂隔离剂进行隔离处理。

96. 切胶机下面的底座上浇铸有铅垫,以保护切胶机(　　)。

97. 密炼机混炼具有装胶容量大、混炼时间短、生产效率高、劳动强度小、粉尘飞扬小、(　　)六大优点。

98. 开炼机塑炼是借助辊筒的挤压力、剪切力和撕拉作用,使分子链被扯断,而获得(　　)。

99. 常用的(　　)有氧化锌和硬脂酸。

100. 氯丁橡胶储存稳定性不佳,随储存时间的延长,其门尼黏度增大、焦烧时间(　　)。

101. 橡胶工业把填充剂和(　　)统称为填料。

102. 橡胶工业习惯把有(　　)作用的炭黑等称为补强剂。

103. 橡胶工业习惯把基本(　　)作用的无机填料称为填充剂。

104. 生胶在 140 ℃×30 min 加热前后华莱士可塑度的比值叫(　　)。

105. 一般情况下,(　　)的标准胶包装重 33.3 kg,我国规定是 40 kg。

106. 1839 年,美国人 Goodyear 经过艰辛试验发现了橡胶(　　),使橡胶成为有使用价值的材料。

107. 硫化是指橡胶的线形大分子链通过化学交联而构成(　　)结构的化学变化过程。

108. 可以降低硫化温度、缩短硫化时间、减少硫黄用量,又能改善硫化胶物理性能的物质是(　　)。

109. 橡胶共混物的形态结构可分为均相结构、(　　)连续结构、两相连续结构。

110. 橡胶的(　　)就是根据产品的性能要求和工艺条件,合理地选用原材料,制订各种原材料用量和配比关系。

111. 促进剂 NOBS 是(　　)级促进剂。

112. 促进剂 DM 是(　　)级促进剂。

113. 促进剂 TMTM 是(　　)级促进剂。

114. 平衡硫化体系具有优良的耐热老化性能和(　　)性能。

115. 天然橡胶热氧老化后表观表现为(　　)。

116. 开炼机混炼时前后辊温度应保持(　　)℃温差,天然橡胶易包热辊。

117. 压延和压出时胶料均需热炼,热炼包括粗炼和(　　)两个阶段,粗炼的目的是使胶料变软,获得热流动性。

118. 密炼机(　　)的作用是避免填料飞扬,防止污染。

119. 开炼机的(　　)可以调整炼胶时胶片的宽度,同时可以防止胶料进入辊筒与轴承的缝隙中。

120. 开炼机的调距装置用于调整（　　　）之间的距离。

121. 对同一机台来说,速比和辊筒线速度是一定的,可通过减小辊距的方法来增加速度梯度,从而达到增加对胶料的（　　　）作用。

122. 合理的（　　　）是指根据胶料全部包前辊后,并在两辊距之间存在一定数量的堆积胶来确定。

123. 配合剂的干燥方式有（　　　）、间歇干燥和微波干燥。

124. 原材料出库管理中各类材料的发出,原则上采用（　　　）法。

125. 软化剂（　　　）的目的是使软化剂变成适宜黏度的液体,方便去除机械杂质。

126. 一般情况下,烟片胶的外皮胶质量比内部胶质量（　　　）。

127. 洗胶机与开炼机结构不同之处在（　　　）上。

128. 中小型企业用量最多的是（　　　）切胶机。

129. 对天然橡胶而言,一般门尼黏度在（　　　）以下的生胶可不必塑炼。

130. 一般开炼机前后辊的速比是（　　　）。

131. 在开炼混炼中,胶片厚度约（　　　）处的紧贴前辊筒表面的胶层,称为"死层"。

132. 防焦剂 CTP 在天然橡胶中的特点是不影响硫化胶的结构和性能、不影响（　　　）。

133. 开炼机中最重要的工作部件是（　　　）,它是直接完成炼胶过程的主要部件。

134. 制品中的硫黄由内部迁移至表面的现象叫（　　　）,它是硫黄在胶料中形成过饱和状态或不相容所致。

135. 制品中的配合剂由内部迁移至表面的现象叫（　　　）,它是配合剂在胶料中形成过饱和状态或不相容所致。

136. 天然橡胶是不饱和、非极性、具有（　　　）性能的橡胶。

137. 由于天然橡胶主链结构是（　　　）,根据极性相似相溶原理,它不耐汽油等非极性的溶剂。

138. 丁苯橡胶是（　　　）橡胶中产量最大的品种,约占 50% 左右。

139. 热炼一般在（　　　）上进行,也有的采用螺杆挤出机或连续混炼机完成。

140. 凡能提高硫化橡胶的拉伸强度、定伸强度、撕裂强度、耐磨性等物理机械性能的配合剂,均称为（　　　）。

141. 橡胶胶料的硬度在硫化开始后即迅速增大,在正硫化点时基本达到（　　　）。

142. 烘胶可以使生胶软化或消除结晶橡胶中的（　　　）,便于切割。

143. 原材料准备工艺原则的是（　　　）、不错、不漏。

144. 原材料质量控制的"三关"内容是进货关、保管关和（　　　）。

145. 丁苯橡胶塑炼温度一般应控制在（　　　）℃以下,温度过高会发生交联或支化。

146. 包辊是（　　　）混炼的前提。

147. 一般炭黑的 DBP 吸油值大于（　　　）cm^3/g 称为高结构。

148. 一般炭黑的 DBP 吸油值小于（　　　）cm^3/g 称为低结构。

149. 吸油值方法有（　　　）和压缩样 DBP 吸油值两种。

150. 氧化锌和氧化镁两者并用硫化氯丁橡胶,最佳并用比是（　　　）。

151. 天然橡胶标准胶的分级较为科学,ISO 2000 规定分（　　　）个等级。

152. 一般天然橡胶中橡胶烃含量为( )，而非橡胶烃占 5%～8%。

153. 天然橡胶中低分子量部分对加工性能有益，高分子量部分能提供好的( )。

154. 天然橡胶良好的( )是由于天然橡胶大分子本身有较高的柔性。

155. 未硫化橡胶的拉伸强度称为( )。

156. 耐温高可达 300 ℃，耐酸碱、耐油性能最好的橡胶是( )。

157. 异戊橡胶的结构单元跟( )一样。

158. 塑性保持率越高表明该生胶抗热氧断链的能力越( )。

159. 丁苯橡胶是( )跟丁二烯的共聚物。

160. 通用橡胶中弹性最好的是( )。

161. 具有优异的耐臭氧性能，被誉为"无龟裂"橡胶的是( )。

162. 通用橡胶中具有最好的气密性是( )。

163. 通用橡胶中具有最好的耐油性是( )。

164. 硅橡胶最好的补强剂是( )。

165. 基本配方——以质量份数来表示的配方，即以生胶的质量为( )份，其他配合剂用量都以相应的质量份数表示。

166. 按橡胶的外观表现分为( )、液体橡胶和粉末橡胶三大类。

167. 混炼温度过高、过早地加入硫化剂且混炼时间过长等因素会造成胶料产生( )。

168. 开炼机混炼时需人工割胶作业，主要是使配合剂( )。

169. 天然橡胶塑炼会造成橡胶分子量( )。

170. 天然橡胶分子链中的重复单元为( )。

171. 增大硫化仪的量程，则其硫化曲线( )。

172. 橡胶开炼机、密炼机一般用( )来作冷却介质。

173. 我国《标准化法》规定标准分为国家标准、( )、地方标准和企业标准。

174. 影响开炼机混炼效果的因素主要有胶料的包辊性、装胶容量、辊温、辊距、( )、加料顺序、加料方式及混炼时间等。

175. 密炼机混炼的胶料质量好坏，除了加料顺序外，主要取决于混炼温度、装料容量、( )、混炼时间、上顶拴压力和转子的类型等。

176. 橡胶测试试样调节的标准试验温度为 23 ℃时，相对湿度为( )。

177. 橡胶测试试样调节的标准试验温度为 27 ℃时，相对湿度为( )。

178. 使用邵氏 A 型硬度计测定硬度时，试样的厚度至少( )mm。

179. 热空气加速老化试验时，为了防止硫黄、抗氧剂、过氧化物或增塑剂的迁移，避免在同一老化箱内同时加热( )的橡胶试样。

180. 胶料硫化时间是由胶料配方和硫化温度来决定的，对于给定的胶料来说，在一定的硫化温度和压力条件下，最适宜的硫化时间的选择可通过( )测定。

181. 使用邵氏 A 型硬度计测定橡胶试样硬度时，不同测量位置两两相距至少( )mm。

182. 橡胶密度试验时，每个样品至少应做两个试样，试验结果取两个试样( )。

183. 用厚度计测量拉伸性能哑铃状试样标距内的厚度时，应测量三点，取三个测量值的( )值为工作部分的厚度值。

184. 压缩样 DBP 吸油值是将 25 g 炭黑试样,加压力 165 MPa 重复压缩(　　)次使聚集体打开。

185. 微晶蜡对橡胶的(　　)臭氧防护效果最好。

186. 入厂加工的原材料必须进行质量检验,合格后方可入库,属于(　　)。

187. 储存在仓库的原材料必须按照规定要求进行保管,保证其在有效使用期内的使用性能,做到不变质、不损坏、不丢失,属于(　　)。

188. 不合格或已变质库存原材料严禁出库,以免引起后续产品生产加工过程出现问题,属于(　　)。

189. 使用超高频的电场,由于配合剂自身内部分子碰撞发热而除去水分达到干燥目的的方法是(　　)。

190. 使用热空气循环干燥室对配合剂进行除水干燥的方法是(　　)。

二、单项选择题

1. ISO 9000 是一个(　　)体系。
(A)技术　　　　　　(B)环境　　　　　　(C)行政　　　　　　(D)质量

2. 橡胶进行连续自动加料、连续混炼、连续排胶的一种混炼工艺方法叫(　　)。
(A)开炼机混炼　　　(B)密炼机混炼　　　(C)连续混炼　　　　(D)挤出机混炼

3. 采用开炼机破胶时辊距为(　　)。
(A)1~1.5 mm　　　　(B)1.5~2 mm　　　　(C)2.5~3 mm　　　　(D)3~3.5 mm

4. 橡胶测试试样调节的标准试验温度为 23 ℃时,相对湿度为(　　)。
(A)50%　　　　　　(B)55%　　　　　　(C)60%　　　　　　(D)65%

5. 不论做什么橡胶制品,均需要经过(　　)和硫化两个加工过程。
(A)塑炼　　　　　　(B)挤出　　　　　　(C)压延　　　　　　(D)炼胶

6. 使用邵氏 A 型硬度计测定硬度时,硫化胶试样的厚度至少(　　)。
(A)4 mm　　　　　　(B)5 mm　　　　　　(C)6 mm　　　　　　(D)7 mm

7. 拉伸性能试验试样,1 型试样应从厚度为(　　)mm 的硫化胶片上裁切。
(A)1.0±0.1　　　　(B)1.0±0.2　　　　(C)2.0±0.1　　　　(D)2.0±0.2

8. GB/T 531.1—2008 中规定测邵 A 硬度时,对于硫化胶标准弹簧试验力保持时间为(　　)。
(A)1 s　　　　　　　(B)2 s　　　　　　　(C)3 s　　　　　　　(D)4 s

9. GB/T 531.1—2008 中规定测邵 A 硬度时,对于硫化胶试样的厚度不够可叠加,叠加不多于(　　)层。
(A)3　　　　　　　　(B)4　　　　　　　　(C)5　　　　　　　　(D)6

10. 我国国家标准分为强制性国家标准和推荐性国家标准两种,其中,推荐性国家标准代号为(　　)。
(A)GB　　　　　　　(B)GB/T　　　　　　(C)HT　　　　　　　(D)HT/T

11. 撕裂强度试验每个样品至少需要(　　)个试样,试样结果以每个方向试样的中位数、最大值和最小值共同表示,数值准确到整数位。
(A)3　　　　　　　　(B)4　　　　　　　　(C)5　　　　　　　　(D)6

12. 恒定压缩变形试验,在常温或高温试验结束后,立即松开紧固件,把试样放置在木板上,在标准温度环境下,自由状态下放置(　　)min,然后用厚度计测量试样恢复高度 h_1,精确到 0.01 mm。

(A)20±3　　　　　(B)30±3　　　　　(C)40±3　　　　　(D)50±3

13. 测定未硫化橡胶门尼黏度时,结果应用不少于两个试验结果的算术平均值表示样品的门尼值,两个试验结果的差值不得大于(　　)个门尼值,否则应重复试验。

(A)1　　　　　(B)2　　　　　(C)3　　　　　(D)4

14. 试验与硫化之间的时间间隔,如果没有特别的规定,所有橡胶物理性能试验,硫化与试验之间的时间间隔最短是(　　)。

(A)16 h　　　　　(B)20 h　　　　　(C)24 h　　　　　(D)48 h

15. 试验与硫化之间的时间间隔,产品试验,在可能的情况下,试验与硫化之间的时间间隔不得超过(　　)个月。

(A)1　　　　　(B)2　　　　　(C)3　　　　　(D)4

16. 塑炼温度是影响密炼机塑炼效果好坏的主要因素,随着塑炼温度降低胶料可塑度(　　)。

(A)几乎按比例减小　　(B)增加　　　　　(C)不定　　　　　(D)无规律

17. 混炼温度过高,过早地加入硫化剂且混炼时间过长等因素会造成胶料产生(　　)。

(A)喷霜　　　　　(B)配合剂结团　　　　　(C)焦烧　　　　　(D)过炼

18. 天然橡胶塑炼效果较好的方法是(　　)。

(A)开炼机塑炼　　(B)密炼机塑炼　　　　(C)挤出机塑炼　　　(D)都一样

19. 混炼时软化剂多加会造成胶料(　　)。

(A)可塑度偏低、硬度和密度偏低　　　　　(B)可塑度偏低、硬度和密度偏高

(C)可塑度偏高、硬度和密度偏低　　　　　(D)可塑度偏高、硬度和密度偏高

20. 下列颜色中(　　)不属于安全色。

(A)红　　　　　(B)蓝　　　　　(C)紫　　　　　(D)黄

21. 塑炼会造成橡胶分子量(　　)。

(A)增大　　　　　(B)减小　　　　　(C)不变　　　　　(D)先小后大

22. 天然橡胶耐磨配方中(　　)。

(A)炭黑用量大　　(B)陶土用量大　　　(C)软化剂用量大　　(D)硫化剂用量大

23. 开炼机轴承采用滑动轴承,轴衬用青铜或尼龙制造,它们的润滑方式各不相同。其中青铜轴衬的滑动轴承(　　)润滑油消耗量。

(A)节省　　　　　(B)增加　　　　　(C)不变　　　　　(D)减少

24. 密炼机的密封装置是用来(　　)。

(A)防止压力损失　　(B)防止物料溢出　　(C)防止润滑油溢出　(D)保护设备

25. 混炼效果比较好的方法是(　　)。

(A)开炼机法　　　(B)密炼机法　　　　(C)螺杆挤出机法　　(D)效果都一样

26. 开炼机混炼时需人工割胶作业,主要是(　　)。

(A)散热　　　　　　　　　　　　　(B)使配合剂分散均匀

(C)防止堆积胶太多　　　　　　　　(D)提高生产效率

27. 电器设备发生火灾时应采用(　　)消防器材。
(A)干粉　　　　　(B)泡沫灭火器　　　　　(C)水　　　　　(D)沙子

28. 胶料下片冷却后温度一般控制在(　　)以下。
(A)80 ℃　　　　　(B)25 ℃　　　　　(C)40 ℃　　　　　(D)105 ℃

29. 开炼机炼胶时补强剂、填充剂加入后(　　)。
(A)应立即加入液体软化剂　　　　　(B)基本吃尽后再加入液体软化剂
(C)完全吃尽后再加入液体软化剂　　　　　(D)无所谓

30. 开炼机辊筒常用的材料是(　　)。
(A)铸钢　　　　　(B)冷硬铸铁　　　　　(C)硬质合金　　　　　(D)45 号钢

31. 顺丁橡胶生胶或未硫化胶停放时会因自重发生流动,这种现象是(　　)。
(A)顺流　　　　　(B)冷流　　　　　(C)逆流　　　　　(D)回流

32. 胶料经热炼后(　　)。
(A)能进一步提高配合剂分散均匀性　　　　　(B)会降低配合剂分散均匀性
(C)不影响配合剂分散均匀性　　　　　(D)延长胶料的焦烧时间

33. 转子转速是影响密炼机混炼效果好坏的最重要因素,随着转子转速的进一步提高,胶料的混炼均匀性(　　)。
(A)几乎成比例的增加　　　　　(B)增加速度减慢
(C)不利于配合剂分散　　　　　(D)几乎成比例的减小

34. 橡胶开炼机、密炼机、螺杆挤出机一般用(　　)来作冷却介质。
(A)油　　　　　(B)空气　　　　　(C)水　　　　　(D)风

35. 混炼温度过高、过早加入液体软化剂且混炼时过长等因素会造成胶料产生(　　)。
(A)喷霜　　　　　(B)配合剂结团分散困难
(C)焦烧　　　　　(D)过炼

36. 开炼机炼胶时胶料的(　　)是胶料在辊筒上的重要加工性能。
(A)包辊性　　　　　(B)冷流性　　　　　(C)焦烧性　　　　　(D)耐热性。

37. 热氧塑炼原理是(　　)。
(A)氧化反应　　　　　(B)自动氧化连锁反应
(C)自动催化连锁反应　　　　　(D)氧化还原反应

38. 在机械力作用下,将各种配合剂均匀的分散到生胶里的工艺过程是(　　)。
(A)配料　　　　　(B)混炼　　　　　(C)硫化　　　　　(D)塑炼

39. 橡胶硫化的必要条件是温度、时间和(　　)。
(A)湿度　　　　　(B)升温速度　　　　　(C)模具形状　　　　　(D)压力

40. 测量下列四种硫化胶的耐磨性,其耐磨性最佳的是(　　)。
(A)t_{50}硫化胶　　　　　(B)t_{70}硫化胶　　　　　(C)t_{90}硫化胶　　　　　(D)t_{100}硫化胶

41. 橡胶焦烧后自粘性变化是(　　)。
(A)不变　　　　　(B)变小　　　　　(C)变大　　　　　(D)变硬

42. 一般在天然橡胶配方中,加入的硫黄被称为(　　)。
(A)补强剂　　　　　(B)软化剂　　　　　(C)防老剂　　　　　(D)硫化剂

43. 在胶料硫化过程中使胶料强度上升最快的是(　　)。

(A)焦烧阶段　　　　(B)焦烧阶段前　　　　(C)热硫化阶段　　　　(D)热硫化阶段前

44. 在硫化仪曲线中能表明胶料硫化速度的( )。

(A)$t_{10}-0$　　　(B)$t_{90}-t_{10}$　　　(C)t_H-t_{90}　　　(D)t_H-t_{10}

45. 橡胶实际生产中使用的温度是( )。

(A)热力学温度　　(B)摄氏温度　　(C)华氏温度　　(D)开尔文温度

46. 下面是影响硫化胶拉伸强度的因素是( )。

(A)压力　　　(B)时间　　　(C)温度　　　(D)温度和时间

47. 橡胶的耐老化性与硫化时间( )。

(A)无关　　　　　　　　　(B)有关

(C)与制品的尺寸无关　　　　(D)与制品尺寸有关

48. 在橡胶加工过程中的名词"正硫化"是指胶料( )。

(A)弹性状态　　(B)性能最佳状态　　(C)流动状态　　(D)黏弹性状态

49. 衡量制品硫化速度快慢,主要看硫化历程图中( )的长短。

(A)平坦时间　　(B)焦烧时间　　(C)热硫化时间　　(D)焦烧加热硫化时间

50. 为了反映胶料是否符合工艺要求,门尼黏度计主要用于测定( )。

(A)硫化胶的黏度　　　　　(B)混炼胶的黏度

(C)硬质硫化胶的黏度　　　(D)软质硫化胶的黏度

51. 在以下橡胶品种中,耐寒性最好的橡胶是( )。

(A)硅橡胶　　(B)丁苯橡胶　　(C)丁腈橡胶　　(D)氟橡胶

52. 热塑性弹性体制品注射加工时利用的是聚合物的( )物理状态。

(A)胶皮态　　(B)玻璃态　　(C)高弹态　　(D)黏流态

53. 进行物性检验时,一般一组试样不得少于( )个。

(A)2　　　(B)4　　　(C)3　　　(D)10

54. 臭氧老化能使橡胶制品表面发生( )变化。

(A)发黏现象　　(B)龟裂现象　　(C)变硬现象　　(D)膨胀现象

55. 三元乙丙橡胶在汽车上的用途越来越广泛的主要原因是它的( )性能特别好。

(A)耐气候老化性　　(B)耐油性　　(C)耐寒性　　(D)耐火性

56. 进行样品检验时的标准环境温度是( )℃。

(A)18±2　　(B)23±2　　(C)25±2　　(D)27±2

57. 下列橡胶中耐油性最好的是( )。

(A)氯丁橡胶　　(B)丁腈橡胶　　(C)三元乙丙橡胶　　(D)天然橡胶

58. 下列橡胶中弹性最好的是( )。

(A)丁苯橡胶　　(B)天然橡胶　　(C)三元乙丙橡胶　　(D)顺丁橡胶

59. 下列橡胶中气密性最好的是( )。

(A)丁基橡胶　　(B)丁腈橡胶　　(C)丁苯橡胶　　(D)氯丁橡胶

60. 下列橡胶中耐臭氧性最好的是( )。

(A)氯丁橡胶　　(B)天然橡胶　　(C)三元乙丙橡胶　　(D)丁苯橡胶

61. 下列橡胶中格林强度最高的是( )。

(A)丁腈橡胶　　(B)天然橡胶　　(C)三元乙丙橡胶　　(D)顺丁橡胶

62. 下列橡胶中属于自补强橡胶的是(　　)。

(A)丁腈橡胶　　　　(B)天然橡胶　　　(C)三元乙丙橡胶　(D)顺丁橡胶

63. 下列橡胶中属于非极性橡胶的是(　　)。

(A)氯丁橡胶　　　　(B)天然橡胶　　　(C)丁腈橡胶　　　(D)氟橡胶

64. 下列橡胶中属于极性橡胶的是(　　)。

(A)天然橡胶　　　　(B)顺丁橡胶　　　(C)三元乙丙橡胶　(D)丁腈橡胶

65. 橡胶试样在裁取哑铃状试样时,裁刀的长度方向应与(　　)一致。

(A)任意方向　　　　　　　　　　(B)生产厂指定方向

(C)压延方向　　　　　　　　　　(D)胶片长度方向成45°

66. 胶乳熟成一般需要在室温下静置(　　)以上。

(A)4 h　　　　　(B)12 h　　　　(C)24 h　　　　(D)32 h

67. 在进行橡胶试片的硬度测定时,压针和试样接触位置距离试片边缘至少(　　)。

(A)6 mm　　　　(B)10 mm　　　(C)12 mm　　　(D)16 mm

68. 橡胶部件在长期使用中出现龟裂的质量问题,其主要原因是材料的(　　)性能差。

(A)拉伸强度　　　(B)伸长　　　　(C)耐热　　　　(D)耐臭氧老化

69. 1839 年美国科学家(　　)发明了硫化。

(A)Goodyear　　　(B)Dunlop　　　(C)Hooker　　　(D)Anthony

70. 下面橡胶不是通用合成橡胶的是(　　)。

(A)顺丁橡胶　　　(B)天然橡胶　　　(C)三元乙丙橡胶　(D)丁苯橡胶

71. 下面橡胶属于饱和橡胶的是(　　)。

(A)天然橡胶　　　(B)氯丁橡胶　　　(C)丁腈橡胶　　　(D)三元乙丙橡胶

72. 我国规定标准橡胶包装重是(　　)。

(A)30 kg　　　　(B)40 kg　　　(C)50 kg　　　(D)60 kg

73. ISO 2000 规定标准橡胶有(　　)个等级。

(A)2　　　　　(B)3　　　　(C)4　　　　(D)5

74. 国标 GB 8081 规定标准橡胶有(　　)个等级。

(A)2　　　　　(B)3　　　　(C)4　　　　(D)5

75. 国标规定烟片胶有(　　)个等级。

(A)2　　　　　(B)3　　　　(C)4　　　　(D)5

76. 一般天然橡胶中橡胶烃的含量是(　　)。

(A)86%～89%　　(B)89%～92%　　(C)92%～95%　　(D)95%～98%

77. 一般天然橡胶中非橡胶烃的含量是(　　)。

(A)2%～5%　　　(B)5%～8%　　(C)8%～11%　　(D)11%～14%

78. 天然橡胶中有(　　)的凝胶不能被溶剂溶解。

(A)10%～50%　　(B)20%～60%　　(C)10%～70%　　(D)10%～90%

79. 未硫化橡胶的拉伸强度叫(　　)。

(A)格林强度　　　(B)屈服强度　　　(C)撕裂强度　　　(D)断裂强度

80. 天然橡胶是一种自补强橡胶,也就是说不加(　　)自身就有较高的强度。

(A)补强剂　　　　(B)填充剂　　　　(C)防老剂　　　　(D)增塑剂

81. 天然橡胶在(   )以下为玻璃态,高于130 ℃为黏流态,两温度之间为高弹态。

(A)−52 ℃   (B)−62 ℃   (C)−72 ℃   (D)−82 ℃

82. 天然橡胶是(   )橡胶,它能溶于非极性溶剂中。

(A)极性   (B)非极性   (C)饱和   (D)非饱和

83. 天然橡胶在下面的(   )溶剂中溶解或溶胀。

(A)丙酮   (B)乙醇   (C)水   (D)甲苯

84. 天然橡胶在下面的(   )溶剂中不溶解也不溶胀。

(A)环己烷   (B)汽油   (C)苯   (D)5%草酸溶液

85. 对天然橡胶来说,最适宜的硫化温度是(   )。

(A)133 ℃   (B)138 ℃   (C)143 ℃   (D)148 ℃

86. 与天然橡胶具有同样结构单元的橡胶是(   )。

(A)异戊橡胶   (B)丁苯橡胶   (C)丁腈橡胶   (D)乙丙橡胶

87. 天然橡胶中不含有的物质是(   )。

(A)橡胶烃   (B)蛋白质   (C)丙酮抽出物   (D)第三单体 ENB

88. 密炼机是(   )在 1916 年首先研制的。

(A)Banbury   (B)Goodyear   (C)Dunlop   (D)Anthony

89. 塑性保持率值越高表明该生胶的(   )的能力越强。

(A)耐压缩永久变形 (B)抗热氧化断链   (C)耐臭氧老化   (D)耐溶剂

90. 丁苯橡胶是苯乙烯跟(   )的共聚物。

(A)丁二烯   (B)丁烯   (C)丙烯腈   (D)丁醇

91. 下面性能特点不属于丁苯胶的是(   )。

(A)丁苯橡胶的耐磨性优于天然橡胶

(B)丁苯橡胶属于非自补强橡胶

(C)丁苯橡胶抗湿滑性优于天然橡胶

(D)丁苯橡胶的弹性优于天然橡胶

92. 丁苯橡胶在混炼的时候要控制排胶温度,因为在(   )以上丁苯橡胶就可能产生凝胶。

(A)110 ℃   (B)120 ℃   (C)130 ℃   (D)140 ℃

93. 被誉为"无龟裂"橡胶的是(   )。

(A)乙丙橡胶   (B)氯丁橡胶   (C)丁腈橡胶   (D)天然橡胶

94. 在通用橡胶中耐天候老化性能最优秀的是(   )。

(A)氯丁橡胶   (B)丁基橡胶   (C)乙丙橡胶   (D)丁苯橡胶

95. 在通用橡胶中弹性最差的橡胶是(   )。

(A)丁基橡胶   (B)丁苯橡胶   (C)氯丁橡胶   (D)乙丙橡胶

96. 在通用橡胶中阻尼最好的橡胶是(   )。

(A)丁基橡胶   (B)丁苯橡胶   (C)氯丁橡胶   (D)乙丙橡胶

97. 下面橡胶混炼时易包热辊的是(   )。

(A)天然橡胶   (B)丁苯橡胶   (C)丁基橡胶   (D)顺丁橡胶

98. 可以作为半导体材料使用的橡胶是(   )。

(A)丁苯橡胶   (B)顺丁橡胶   (C)三元乙丙橡胶   (D)丁腈橡胶

99. 下面橡胶中难燃的是（　　　）。

(A)天然橡胶　　　　　　(B)三元乙丙橡胶　　(C)氯丁橡胶　　　　(D)丁基橡胶

100. 再生胶制造的过程不包括下面的（　　　）。

(A)粉碎　　　　　　　　(B)筛选　　　　　　(C)脱硫　　　　　　(D)精炼

101. 硫化是指橡胶的线形大分子链通过化学交联而构成（　　　）结构的化学变化过程。

(A)立体网状　　　　　　(B)平面网状　　　　(C)线形取向　　　　(D)平面片状

102. 一个完整的硫化体系不包括（　　　）。

(A)硫化剂　　　　　　　(B)促进剂　　　　　(C)活化剂　　　　　(D)防老剂

103. 下面促进剂是准速促进剂的是（　　　）。

(A)TMTD　　　　　　　(B)TBTD　　　　　　(C)NOBS　　　　　　(D)BZ

104. 下面促进剂是超速促进剂的是（　　　）。

(A)CZ　　　　　　　　　(B)TMTD　　　　　　(C)DM　　　　　　　(D)NOBS

105. 下面促进剂中可以做硫载体使用的是（　　　）。

(A)M　　　　　　　　　(B)TMTM　　　　　　(C)TMTD　　　　　　(D)DM

106. 防焦剂 CTP 在天然橡胶中的特点是（　　　）。

(A)不影响硫化胶的结构和性能、不影响硫化速度

(B)不影响硫化胶的结构和性能、加快硫化速度

(C)不影响硫化胶的结构和性能、减慢硫化速度

(D)降低硫化胶的结构和性能、不影响硫化速度

107. 普通硫黄硫化体系得到的硫化胶网络中大多含有多硫交联键,下面不属于多硫键的特点的是（　　　）。

(A)具有优良的动静态性能　　　　　　(B)不耐热氧老化

(C)热稳定性好　　　　　　　　　　　(D)具有良好的初始疲劳性能

108. 橡胶加工的基本工艺过程为塑炼、混炼、压延、压出、成型和（　　　）。

(A)塑化　　　　　　　　(B)硫化　　　　　　(C)打磨　　　　　　(D)锻压

109. 天然橡胶的（　　　）是橡胶中最好的,是制备高级橡胶制品重要原料。

(A)延展性　　　　　　　(B)外观　　　　　　(C)耐磨性　　　　　(D)综合性能

110. 天然橡胶中含水量过多,生胶易霉变,硫化时会产生海绵等。但（　　　）的水分,加工过程中可除去。

(A)小于 10%　　　　　　(B)小于 5%　　　　　(C)小于 1%　　　　　(D)小于 0.1%

111. 生胶温度升高到流动温度时成为黏稠的液体,在溶剂中发生溶解,必须经（　　　）才具有实际用途。

(A)硫化　　　　　　　　(B)氧化　　　　　　(C)萃取　　　　　　(D)过滤

112. 橡胶的硫化除了硫化剂外,同时还加入（　　　）、助交联剂、防焦剂、抗硫化返原剂等,组成硫化体系。

(A)促进剂、氧化剂　　(B)活化剂、氧化剂　　(C)促进剂、活化剂　　(D)活性剂、氧化剂

113. 凡能提高硫化橡胶的拉伸强度、定伸强度、撕裂强度、耐磨性等物理机械性能的配合剂,均称为（　　　）。

(A)促进剂　　　　　　　(B)活化剂　　　　　(C)硫化剂　　　　　(D)补强剂

114. 胶料在混炼、压延或压出操作中以及在硫化之前的停放期间出现的早期硫化称为（　　）。

(A)硫化 　　(B)喷硫 　　(C)焦烧 　　(D)喷霜

115. 制品中的配合剂由内部迁移至表面的现象叫（　　），它是配合剂在胶料中形成过饱和状态或不相容所致。

(A)喷硫 　　(B)喷油 　　(C)喷蜡 　　(D)喷霜

116. 制品中的硫黄由内部迁移至表面的现象叫（　　）。它是硫黄在胶料中形成过饱和状态或不相容所致。

(A)喷硫 　　(B)喷油 　　(C)喷蜡 　　(D)喷霜

117. 开炼机塑炼时,两个辊筒以一定的（　　）相对回转。

(A)速度 　　(B)速比 　　(C)温度 　　(D)压力

118. 密炼机塑炼的操作顺序为（　　）。

(A)称量→排胶→翻炼→压片→塑炼→投料→冷却下片→存放
(B)称量→翻炼→塑炼→投料→压片→排胶→冷却下片→存放
(C)称量→投料→压片→翻炼→塑炼→排胶→冷却下片→存放
(D)称量→投料→塑炼→排胶→翻炼→压片→冷却下片→存放

119. 在天然橡胶的混炼过程中,硫黄一般在混炼的（　　）阶段加入。

(A)最早 　　(B)跟防老剂等小料一起
(C)最后 　　(D)跟炭黑一起

120. 配合剂均匀的（　　）于橡胶中是取得性能优良、质地均匀制品的关键。

(A)喷霜 　　(B)分散 　　(C)团聚 　　(D)析出

121. 加入（　　）可以改善填料的混炼特性。

(A)增黏剂 　　(B)软化剂 　　(C)促进剂 　　(D)活化剂

122. 下列因素不属于生胶塑炼的条件的是（　　）。

(A)机械应力 　　(B)塑解剂 　　(C)臭氧 　　(D)热

123. 下列开炼机塑炼的影响因素中,塑炼效果好的是（　　）。

(A)辊温低 　　(B)辊温高 　　(C)辊距大 　　(D)辊筒转速慢

124. 为了使橡胶的分子链得到松弛及可塑度的均匀一致,天然橡胶经塑炼之后需停放（　　）后才可供下道工序使用。

(A)4 h 　　(B)8 h 　　(C)12 h 　　(D)16 h

125. 评估塑炼胶质量的手段之一是进行测试（　　）。

(A)门尼黏度 　　(B)密度 　　(C)拉伸强度 　　(D)硬度

126. 为避免胶片在停放时产生自粘,需要在胶片表面涂（　　）。

(A)硅油 　　(B)石蜡油 　　(C)隔离剂 　　(D)炭黑

127. 胶片必须冷却至（　　）以下,方可堆垛停放。

(A)30 ℃ 　　(B)40 ℃ 　　(C)50 ℃ 　　(D)60 ℃

128. 密炼机混炼的二段混炼法中,母胶下片冷却停放（　　）后再进行二次混炼。

(A)6 h 　　(B)8 h 　　(C)10 h 　　(D)12 h

129. 原材料储存中规定,原材料距离地面的最小距离是（　　）。

(A)0.1 m 　　　　　(B)0.2 m 　　　　　(C)0.3 m 　　　　　(D)0.4 m

130. 原材料储存中规定,原材料距离热源的最小距离是(　　　)。

(A)1 m 　　　　　(B)2 m 　　　　　(C)3 m 　　　　　(D)4 m

131. 原材料库房中各类材料的发出,原则上采用(　　　)法。

(A)先进先出 　　　(B)先进后出 　　　(C)就近出料 　　　(D)随机

132. 密炼机的混炼室是(　　　)的,物料的损失比开炼机少得多。

(A)开放 　　　　　(B)封闭 　　　　　(C)半开放 　　　　(D)3/4 开放

133. 密炼机两转子具有一定的(　　　),使胶料受到强烈的搅拌捏合作用。

(A)直径 　　　　　(B)长度 　　　　　(C)线速度 　　　　(D)速比

134. XK-660 炼胶机,X 代表橡胶类,K 表示开放式,660 表示辊筒工作部分的(　　　)是660 mm。

(A)长度 　　　　　(B)直径 　　　　　(C)半径 　　　　　(D)质量

135. 下列规格中是表示开炼机的是(　　　)。

(A)XM-140/20 　　　　　　　　　　(B)XQW-1000×10A

(C)XK-400 　　　　　　　　　　　(D)DXQ-660

136. 切胶机下面的底座上浇铸有(　　　),以保护切胶机的刀刃。

(A)铝垫 　　　　　　　　　　　　(B)高抗冲聚苯乙烯

(C)铅垫 　　　　　　　　　　　　(D)聚苯乙烯

137. 下列是密炼机混炼优点的是(　　　)。

(A)生产效率高 　　　　　　　　　(B)适合炼多种彩色胶

(C)灵活性强 　　　　　　　　　　(D)适合小型橡胶工厂

138. 开炼机混炼天然橡胶时,固体古马隆树脂和操作油的加料顺序是(　　　)。

(A)固体古马隆树脂后加,操作油先加 　(B)同时加入

(C)固体古马隆树脂先加,操作油后加 　(D)无所谓先后

139. 一般情况下天然橡胶开炼机炼胶的时候,最后加入的配合剂是(　　　)。

(A)硫黄 　　　　　(B)防焦剂 　　　　(C)软化剂 　　　　(D)防老剂

140. 既能保证成品具有良好的物理机械性能,又能具有良好的加工工艺性能是对(　　　)的要求。

(A)塑炼胶 　　　　(B)母炼胶 　　　　(C)混炼胶 　　　　(D)再生胶

141. 在开炼机上将各种配合剂均匀加入到生胶中,这样的工艺过程是(　　　)。

(A)混炼 　　　　　(B)塑炼 　　　　　(C)薄通 　　　　　(D)配合

142. 可以作为化学塑解剂使用的有(　　　)。

(A)CZ 　　　　　　(B)TMTM 　　　　(C)M 　　　　　　(D)DCP

143. 配料使用的古马隆树脂颗粒度大小要求是(　　　)。

(A)≤120 g/块 　　(B)≤150 g/块 　　(C)≤180 g/块 　　(D)≤210 g/块

144. 配料使用的防老剂 A 颗粒度大小要求是(　　　)。

(A)≤5 g/块 　　　(B)≤10 g/块 　　　(C)≤15 g/块 　　　(D)≤20 g/块

145. 常用的排胶标准中不包括下面的(　　　)。

(A)混炼转速 　　　(B)混炼时间 　　　(C)混炼温度 　　　(D)混炼能量

146. 下列是开炼机塑炼的优点的是(　　)。
(A)卫生条件差　　　(B)劳动强度大　　　(C)适应面宽　　　(D)设备投资大

147. 开炼机操作时,试辊筒温度时手指朝下与辊筒运转方向(　　),不准顺辊筒或超过安全线试温。
(A)相反　　　(B)相同　　　(C)垂直　　　(D)呈一定角度

148. 下列情况不是烘胶操作目的的是(　　)。
(A)清除结晶　　　(B)杂质容易清除　　　(C)减少加工时间　　　(D)降低能耗

149. 下面生胶最容易塑炼的是(　　)。
(A)丁基橡胶　　　(B)天然橡胶　　　(C)丁腈橡胶　　　(D)顺丁橡胶

150. 混炼胶的补充加工不包括(　　)。
(A)冷却　　　(B)停放　　　(C)滤胶　　　(D)返工

151. 密炼机混炼的三个阶段不包括(　　)。
(A)润湿　　　(B)分散　　　(C)捏炼　　　(D)翻炼

152. 一般情况下在混炼中最先加的材料是(　　)。
(A)增塑剂　　　(B)炭黑　　　(C)生胶　　　(D)硫黄

153. 橡胶是一种(　　)和大形变的高分子材料。
(A)高蠕变　　　(B)高弹性　　　(C)高模量　　　(D)高定伸

154. 开炼机塑炼是借助(　　)作用,使分子链被扯断,而获得可塑度的。
(A)辊筒的挤压力和剪切力　　　(B)辊筒的撕拉
(C)辊筒的剪切力和撕拉　　　(D)辊筒的挤压力、剪切力和撕拉

155. 开炼机塑炼时切胶胶块最好呈三角棱形,这样的目的是(　　)。
(A)以便破胶时能顺利进入辊缝　　　(B)外观好看
(C)切胶方便　　　(D)堆放方便

156. 在混炼过程中,产生浓度很高的炭黑—橡胶团块的阶段是(　　)。
(A)渗透阶段　　　(B)润湿阶段　　　(C)分散阶段　　　(D)打开阶段

157. 在开炼混炼中,胶片厚度约(　　)处的紧贴前辊筒表面的胶层,称为"死层"。
(A)1/2　　　(B)1/3　　　(C)1/4　　　(D)1/5

158. 在混炼中,加料顺序不当最严重的的后果是(　　)。
(A)影响分散性　　　(B)导致脱辊　　　(C)导致过炼　　　(D)导致焦烧

159. 在混炼中最先加的材料是(　　)。
(A)促进剂　　　(B)配合剂多且易分散的
(C)硫黄　　　(D)配合剂较少且不易分散的

160. 液压系统工作时产生的压力振动,其原因可能是(　　)。
(A)减压阀压力过高　　　(B)液压系统中存在空气
(C)减压阀压力过低　　　(D)滑枕润滑不良

161. 适用于并用胶的掺和和易包辊的合成橡胶的塑炼方法是(　　)。
(A)包辊塑炼法　　　(B)薄通塑炼法　　　(C)分段塑炼法　　　(D)化学塑解剂塑炼法

162. 薄通塑炼法适用于(　　)。
(A)塑炼效率高的情况　　　(B)机械塑炼效果差的合成胶

(C)劳动强度要求低的情况　　　　　　　　(D)并用胶的掺和

163.下列配合剂中特别要注意防潮的是(　　)。

(A)硬脂酸　　　　(B)防老剂 4010NA　(C)活性氧化镁　　　(D)促进剂 CZ

164.用于塑炼加工的开炼机辊筒速比一般是(　　)。

(A)1∶1.22　　　　(B)1∶1.24　　　　(C)1∶1.26　　　　(D)1∶1.28

165.为保证混炼质量,硬脂酸和氧化锌的合理加入顺序是(　　)。

(A)先加硬脂酸,后加氧化锌　　　　　　　(B)先加氧化锌,后加硬脂酸

(C)两者同时加　　　　　　　　　　　　(D)不分先后

166.邵氏硬度计数值由 0~100 来表示,玻璃硬度为(　　),以此作为标准。

(A)80　　　　　　(B)90　　　　　　(C)100　　　　　　(D)110

167.下面四种配合剂在天然橡胶中最容易混炼的是(　　)。

(A)白炭黑　　　　(B)滑石粉　　　　(C)炭黑　　　　　(D)氧化锌

168.下列配合剂由于分散较慢,在密炼机混炼时需要和生胶一起加入的是(　　)。

(A)硫黄　　　　　(B)TMTD　　　　(C)固体古马隆　　　(D)液体软化剂

169.储存原材料的库房应地面平整,便于(　　),以防库存产品损坏或变质。

(A)密闭　　　　　(B)通风换气　　　(C)阳光直射　　　　(D)人员走动

170.天然橡胶切胶后,胶块质量为(　　)。

(A)5~10 kg　　　(B)10~15 kg　　　(C)15~20 kg　　　(D)10~20 kg

171.合成橡胶切胶后,胶块质量为(　　)。

(A)5~10 kg　　　(B)10~15 kg　　　(C)15~20 kg　　　(D)10~20 kg

172.合理的炼胶容量是指根据胶料全部包前辊后,并在两辊距之间存在一定数量的(　　)来确定。

(A)堆积胶　　　　(B)速度梯度　　　(C)剪切力　　　　　(D)线速度

173.对同一机台来说,速比和辊筒线速度是一定的,可通过(　　)的方法来增加速度梯度,从而达到增加对胶料的剪切作用。

(A)提高辊温　　　(B)减小辊距　　　(C)增大堆积胶量　　(D)增大辊距

174.开炼机辊筒的(　　),是根据加工胶料的工艺要求选取的,是开炼机的重要参数之一。

(A)速比　　　　　(B)直径　　　　　(C)长度　　　　　(D)线速度

175.单刀液压切胶机的检修周期一般是小修不定期,中修(　　),大修 3 年。

(A)1 年　　　　　(B)2 年　　　　　(C)3 年　　　　　(D)4 年

176.配合剂的干燥方式不包括(　　)。

(A)连续干燥　　　(B)间歇干燥　　　(C)微波干燥　　　　(D)太阳曝晒

177.胶料硫化特性试验的结果计算公式,t_{10} 所对应的转矩是(　　)。

(A)$M_{\mathrm{L}}+(M_{\mathrm{H}}-M_{\mathrm{L}})\times10\%$　　　　　(B)$M_{\mathrm{L}}+(M_{\mathrm{H}}-M_{\mathrm{L}})\times90\%$

(C)$(M_{\mathrm{H}}-M_{\mathrm{L}})\times10\%-M_{\mathrm{L}}$　　　　(D)$(M_{\mathrm{H}}-M_{\mathrm{L}})\times90\%-M_{\mathrm{L}}$

178.拉伸性能试验试样裁切的方向,应保证其拉伸受力方向与压延方向(　　)。

(A)垂直　　　　　(B)平行　　　　　(C)呈 45°　　　　　(D)呈 60°

179.使用邵氏 A 型硬度计测定橡胶试样硬度时,在试样表面不同位置进行 5 次测量取中

值,不同测量位置两两相距至少( )。

(A)6 mm　　(B)5 mm　　(C)4 mm　　(D)3 mm

180. 哑铃状试样进行拉伸性能试验时,夹持器的移动速度1型试样应为( )mm/min。

(A)200±20　(B)200±50　(C)500±20　(D)500±50

181. 硫化橡胶或热塑性橡胶恒定压缩变形测定时,当橡胶国际硬度值为10～80时,压缩率为( )。

(A)15%　　(B)20%　　(C)25%　　(D)30%

182. 适宜的试样状态调节装置是( )。

(A)老化箱　　(B)冰箱　　(C)恒温恒湿箱　　(D)干燥箱

183. 胶料硫化时间是由胶料配方和硫化温度来决定的,对于给定的胶料来说,在一定的硫化温度和压力条件下,最适宜的硫化时间的选择可通过( )测定。

(A)门尼黏度仪　(B)快速塑性计　(C)工具显微镜　(D)硫化仪

184. 塑性试验所使用的仪器——快速塑性计属于( )。

(A)压缩型　　(B)转动型　　(C)压出型　　(D)流变型

185. 门尼黏度实验所使用的仪器——门尼黏度计属于( )。

(A)压缩型　　(B)转动型　　(C)压出型　　(D)流变型

三、多项选择题

1. 我国《标准化法》规定标准分为( )。

(A)国家标准　(B)行业标准　(C)地方标准　(D)企业标准

2. 热空气加速老化试验时,为了防止硫黄、( )或过氧化物的迁移,避免在同一老化箱内同时加热不同类型的橡胶试样。

(A)抗氧剂　　(B)增塑剂　　(C)微晶蜡　　(D)氧化锌

3. 硫化橡胶或热塑性橡胶曲挠龟裂的评价包括( )的评价。

(A)裂口长度　(B)裂口宽度　(C)裂口深度　(D)龟裂数量

4. 硫化橡胶燃烧性能试验采用氧指数法测定,其燃烧特性评定:若试样燃烧不到( )标记处火焰自熄,记作特征"0"。

(A)180 s　　(B)180 mm　　(C)50 mm　　(D)50 s

5. 影响橡胶材料与制品测试的主要因素有( )。

(A)测试人员性格和情绪　　　　(B)试样制备和尺寸

(C)测试环境温度和湿度　　　　(D)试样调节

6. 我国和国际上通行的规定对试样的标准状态调节条件有( )。

(A)温度(23±2)℃,相对湿度65%±10%　(B)温度(23±2)℃,相对湿度50%±10%

(C)温度(27±2)℃,相对湿度50%±10%　(D)温度(27±2)℃,相对湿度65%±10%

7. 橡胶的配方设计就是根据产品的( ),合理地选用原材料,制订各种原材料用量和配比关系。

(A)形状大小　(B)体积大小　(C)性能要求　(D)工艺条件

8. 生产合成橡胶常用的聚合方法有( )。

(A)自由基聚合　(B)溶液聚合　(C)离子聚合　(D)乳液聚合

9. 根据胶料在单螺杆中的运动情况,可将螺杆的工作部分分为(　　　)。

(A)排气段　　　　　(B)喂料段　　　　　(C)压缩段　　　　　(D)挤出段

10. 开炼机的规格是用辊筒工作部分的(　　)来表示。

(A)半径　　　　　　(B)直径　　　　　　(C)宽度　　　　　　(D)长度

11. 生胶塑炼的方法有(　　　)。

(A)物理增塑法　　　(B)化学增塑法　　　(C)机械增塑法　　　(D)压出法

12. 为提高硫黄在硫化过程中的有效性,一般采用下列(　　)两种方法。

(A)提高促进剂的用量,降低硫黄用量

(B)高硫黄用量、低促进剂用量

(C)采用无硫配合,即硫黄给予体的配合

(D)过氧化物+硫黄

13. 填料粒径的大小对硫化胶技术性能影响是(　　　)。

(A)粒径小,撕裂强度、定伸应力、硬度均提高

(B)粒径小,弹性和伸长率下降

(C)粒径小,压缩永久变形变化很小

(D)粒径小,混炼越困

14. 密炼机混炼的影响因素有(　　)以及混炼温度、混炼时间等,还有设备本身的结构因素,主要是转子的几何构型。

(A)装胶容量　　　　(B)加料顺序　　　　(C)上顶拴压力　　　(D)转子转速

15. 常用的硫化介质有(　　)、氮气及其他固体介质等。

(A)饱和蒸汽　　　　(B)过热蒸汽　　　　(C)过热水　　　　　(D)热空气

16. 增塑剂按其来源不同分类,除合成增塑剂外,还有(　　)。

(A)石油系增塑剂　　　　　　　　　(B)煤焦油系增塑剂

(C)松焦油系增塑剂　　　　　　　　(D)脂肪油系增塑剂

17. 同一配方除了用基本配方表示外,还可用(　　)方法表示。

(A)质量百分数配方　　　　　　　　(B)体积百分数配方

(C)生产配方　　　　　　　　　　　(D)价值配方

18. 塑炼的目的不包括(　　)。

(A)便于加工制造　　　　　　　　　(B)便于硫化

(C)有利于检验　　　　　　　　　　(D)有利于提高成品性能

19. 塑炼胶的可塑度大小必须以满足后工序的加工性能要求为标准,胶料的可塑度(　　)都会影响加工操作和产品质量。

(A)过大　　　　　　(B)过低　　　　　　(C)过快　　　　　　(D)不均匀

20. 压出是使胶料通过挤出机机筒壁和螺杆之间的作用,连续地制成各种不同形状半成品的工艺过程,可以用于(　　)。

(A)胶料的过滤　　　(B)胶料的压片　　　(C)胶料的压型　　　(D)纺织物的贴胶

21. 橡胶挤出机有多种类型,按工艺用途不同可分为(　　)、压片挤出机及脱硫挤出机等。

(A)压出挤出机　　　(B)滤胶挤出机　　　(C)塑炼挤出机　　　(D)混炼挤出机

22. 根据胶料在机筒内的流动状态,挤出机的生产能力应为(　　)等流动的总和。

(A)顺流   (B)逆流   (C)横流   (D)漏流

23. 压出工艺过程中常会出现很多质量问题,如( )等。

(A)半成品表面不光滑 (B)焦烧   (C)过炼   (D)厚薄不均

24. 橡胶行业中热硫化方法有( )。

(A)硫化罐硫化   (B)平板硫化机硫化 (C)室温硫化   (D)连续硫化

25. 塑炼方法按所用设备不同可分为( )。

(A)压延机塑炼   (B)开炼机塑炼   (C)密炼机塑炼   (D)螺杆塑炼机塑炼

26. 下列属于开炼机塑炼工艺方法的是( )。

(A)物理增塑塑炼法 (B)薄通塑炼法   (C)化学增塑塑炼法 (D)三角包塑炼法

27. 用密炼机进行塑炼时,必须严格控制( )。

(A)塑炼时间   (B)焦烧时间   (C)排胶温度   (D)烘胶温度

28. 压出工艺过程中常会出现很多质量问题,如半成品表面不光滑、焦烧、起泡或海绵、厚薄不均、条痕裂口、半成品规格不准确等,其主要影响因素为( )。

(A)胶料的配合   (B)胶料的可塑度 (C)压出温度   (D)压出速度

29. 橡胶制品硫化都需要施加压力,其目的是( )。

(A)防止胶料气泡的产生,提高胶料的致密性

(B)使胶料流动充满模型

(C)提高附着力,改善硫化胶物理性能

(D)加快硫化速度

30. 一个橡胶配方,除了生胶聚合物、补强填充剂、软化剂外,还包括( )。

(A)硫化剂   (B)促进剂   (C)活性剂   (D)防老剂

31. 混炼胶的质量要求是( )。

(A)胶料应具有良好的加工工艺性能   (B)保证成品具有良好的使用性能

(C)胶料具有高的可塑度   (D)胶料硫化速度要快

32. 原材料进厂后,对生胶检验一般包括( )。

(A)化学成分   (B)门尼黏度   (C)物理机械性能 (D)杂质含量

33. 原材料进厂后,对配合剂检验的内容主要有( )。

(A)纯度、粒度及分布   (B)机械杂质

(C)灰分及挥发分含量   (D)酸碱度

34. 配合剂的补充加工包括( )。

(A)粉碎   (B) 干燥   (C)熔化、过滤、加温 (D)筛选

35. 块状和粗粒状配合剂必须经过粉碎或磨细处理才能使用,下列配合剂需要粉碎的是( )。

(A)固体古马隆   (B)松香   (C)防老剂 A   (D)氧化镁

36. 配合剂干燥方式有( )。

(A)真空干燥箱   (B)干燥室

(C)螺旋式连续干燥机   (D)烘胶房

37. 原材料的称量方式有( )。

(A)手工称量   (B)自动称量

(C)半自动称量   (D)自动为主,手动为辅称量

38. 原材料的投料方式有( )。
(A)自动投料 (B)半自动投料 (C)人工投料 (D)机器人投料

39. 混炼胶不同于一般的胶体分散体系,其主要原因是( )。
(A)形成海岛结构
(B)橡胶的黏度很高,胶料的热力学不稳定性在一般情况下不太显著
(C)某些组分与橡胶能互容,从而构成了混炼胶的复合分散介质
(D)粒状配合剂与橡胶在接触界面上产生了一定的物理和化学结合

40. 开炼机混炼时的加料原则一般为( )。
(A)用量少、难分散的配合剂先加
(B)用量大、易分散的后加
(C)为了防止焦烧,硫黄和超速促进剂一般最后加入
(D)古马隆树脂最后加

41. 密炼的顺炼法的优点是( )。
(A)载荷小 (B)混炼质量好 (C)混炼时间长 (D)投料简单

42. 混炼胶一般需要停放 8 h 以上才能使用的目的是( )。
(A)使胶料充分冷却
(B)使配合剂继续扩散,促使胶料进一步均匀
(C)使橡胶与炭黑进一步相互作用,生成更多的结合橡胶
(D)使胶料进行松弛,减小收缩

43. 混炼胶检测密度,可反映下面的( )。
(A)胶料是否焦烧 (B)胶料是否过炼
(C)配合剂是否少加、多加或漏加 (D)配合剂的分散是否均匀

44. 常规的物理机械性能检测项目包括( )。
(A)拉伸性能 (B)撕裂性能 (C)密度 (D)硬度

45. 影响密炼机塑炼的因素除了容量外,还有( )。
(A)上顶栓压力 (B)转子速度 (C)塑炼温度和时间 (D)化学塑解剂

46. 非迁移性防老剂是指在橡胶中能够持久地发挥防护效能的防老剂,非迁移性防老剂的特点是( )。
(A)难抽出 (B)难分解 (C)难挥发 (D)难迁移

47. 开炼机混炼的影响因素包括( )。
(A)容量 (B)辊距
(C)辊筒的转速和速比 (D)炼胶温度和时间

48. 开炼机混炼时翻炼阶段的翻炼方法有( )。
(A)薄通法 (B)三角包法 (C)打卷法 (D)斜刀法

49. 原材料的准备工作和内容除了生胶的准备外,还包括下面的( )。
(A)配合剂的外观鉴定 (B)配合剂的准备加工
(C)配合剂的存储保管 (D)配合剂的称量和配合

50. 烘胶的目的是( )。
(A)保证切胶机的安全操作和工作效率

(B)保证炼胶机的安全操作和工作效率

(C)烘去生胶表面的水分

(D)可以使生胶软化或者消除结晶橡胶中的结晶,便于切割和塑炼

51. 与开炼机相比,密炼机密炼的优点有(　　)。

(A)混炼时间短　　(B)劳动强度低　　(C)操作安全　　(D)粉料飞扬损失少

52. 与开炼机相比,密炼机密炼的缺点有(　　)。

(A)密炼机设备投资大

(B)不适合浅色制品和品种变换频繁的胶料混炼

(C)密炼机混炼室散热困难

(D)必须配备相应的加工设备

53. 用密炼机混炼胶料时,采用两段混炼法比一段混炼法具有的优点是(　　)。

(A)可减少由持续高温引起的焦烧倾向　　(B)可显著提高胶料的分散均匀性

(C)可显著提高硫化胶的物理机械性能　　(D)减少工人劳动强度

54. 开炼机混炼胶料时宜使辊温较低的原因是(　　)。

(A)温度低些黏度大些,受剪切力就会大,有利与于配合剂的分散

(B)温度低些黏度大些,受剪切力就会小,有利与于配合剂的分散

(C)温度高容易使胶料软化,剪切效果减弱,易引起焦烧和配合剂结团现象

(D)温度高容易使胶料软化,剪切效果变强,易引起焦烧和配合剂结团现象

55. 剪切型和啮合型密炼机工作原理的主要区别是(　　)。

(A)剪切型密炼机的分散区主要在转子棱与室壁之间

(B)啮合型密炼机的分散区主要在转子与转子之间

(C)剪切型密炼机的分散区主要在转子与转子之间

(D)啮合型密炼机的分散区主要在转子棱与室壁之间

56. 橡胶混炼工艺必须达到的要求是(　　)。

(A)各种配合剂均匀分布于胶料中

(B)使胶料具有一定可塑度

(C)配合剂,特别是补强剂,达到一定分散度,并与生胶产生结合橡胶

(D)混炼速度要快,生产效率要高,能耗要少

57. 切胶的目的是(　　)。

(A)便于生胶的称量　　　　　　(B)便于生胶的投料

(C)降低劳动强度　　　　　　　(D)保护设备

58. 切胶的工艺要求是(　　)。

(A)切胶前先清除生胶包装的外皮及塑料薄膜或清除生胶表面的杂质

(B)切好的胶块不得落地,以防污染,并且要堆放整齐

(C)胶块运输时要分清胶号,以免混淆,同时要保持清洁

(D)分级处理、挂牌标明,以便按质量等级适当选用

59. 开炼机的塑炼工艺方法包括(　　)。

(A)薄通塑炼法　　(B)包辊塑炼法　　(C)分段塑炼法　　(D)化学塑解剂塑炼法

60. 粉碎工艺中配合剂的颗粒度满足<150 g/块的是(　　)。

(A)防老剂 A　　　　　　(B)古马隆树脂　　　(C)松香　　　　　　(D)石蜡

61. 配合剂筛选的目的是(　　　)。

(A)除去配合剂中的水分　　　　　　　(B)除去配合剂中的低挥发性物质

(C)除去配合剂中本身的粗粒子　　　　(D)除去配合剂中的机械杂质

62. 配合剂的储存和保管应注意下面的(　　　)。

(A)防潮　　　　　　(B)防火防爆　　　(C)防止混淆　　　(D)防盗

63. 下列配合剂受潮结团,烘干粉碎后仍能使用的是(　　　)。

(A)氧化镁　　　　　(B)固体古马隆　　(C)松香　　　　　(D)沥青

64. 原材料入库时,库管员必须凭(　　　)办理入库手续。

(A)送货单　　　　　(B)验货单　　　　(C)领料单　　　　(D)检验合格单

65. 塑炼方法按照工艺可分为(　　　)。

(A)高温塑炼法　　　(B)机械塑炼法　　(C)化学塑炼法　　(D)物理塑炼法

66. 下面能影响橡胶分子链断裂的因素是(　　　)。

(A)机械力作用　　　(B)氧的作用　　　(C)热的作用　　　(D)化学塑解剂作用

67. 下列小料可以作为化学塑解剂使用的是(　　　)。

(A)CTP　　　　　　(B)BZ　　　　　　(C)DM　　　　　　(D)M

68. 置于密炼机中的天然橡胶受到(　　　)作用,产生了复杂的物理—化学反应,导致了大分子链被切断。

(A)机械剪切力　　　(B)氧　　　　　　(C)温度　　　　　(D)塑解剂

69. 塑炼方法按照温度分,可分为(　　　)。

(A)高温塑炼　　　　(B)中温塑炼　　　(C)低温塑炼　　　(D)冰点塑炼

70. 生胶的可塑度增大,有利于(　　　)。

(A)混炼时配合剂的混入和均匀分散　　(B)改善胶料的流动性

(C)增大胶料的黏着性　　　　　　　　(D)改善胶料的充模型

71. 可用来进行生胶塑炼的设备有(　　　)。

(A)破胶机　　　　　(B)螺杆塑炼机　　(C)密炼机　　　　(D)开炼机

72. 开炼机塑炼的缺点是(　　　)。

(A)卫生条件差　　　(B)生产效率低　　(C)设备投资小　　(D)劳动强度大

73. 开炼机塑炼的优点是(　　　)。

(A)设备投资大　　　(B)生产灵活机动　(C)适用面宽　　　(D)耗胶量少

74. 下面选项中影响开炼机塑炼的因素有(　　　)。

(A)辊温　　　　　　(B)速比　　　　　(C)辊距　　　　　(D)操作熟练程度

75. 影响开炼机塑炼的众多因素中不变因素是(　　　)。

(A)辊速　　　　　　(B)辊温　　　　　(C)辊距　　　　　(D)速比

76. 密炼机塑炼的缺点是(　　　)。

(A)设备投资大　　　(B)占地面积大　　(C)耗能低　　　　(D)适用面窄

77. 螺杆塑炼机塑炼的优点是(　　　)。

(A)连续化生产　　　(B)设备简单　　　(C)占地面积小　　(D)生产能力大

78. 螺杆塑炼机塑炼的缺点是(　　　)。

(A)胶料热可塑大　　　(B)有夹生现象　　　(C)塑炼胶质量较差　(D)可速度低

79. 螺杆塑炼机塑炼常用的设备是(　　)。

(A)单螺杆一段塑炼机　　　　　　　(B)单螺杆二段塑炼机

(C)双螺杆一段塑炼机　　　　　　　(D)双螺杆二段塑炼机

80. 螺杆塑炼机塑炼的步骤是预热、输送和(　　)。

(A)塑炼　　　　(B)排出　　　　(C)补充加工　　　(D)检验

81. 螺杆塑炼机塑炼的补充加工是指(　　)。

(A)压片　　　　(B)摆胶　　　　(C)冷却　　　(D)停放

82. 天然橡胶容易塑炼的原因是(　　)。

(A)生胶初始黏度低

(B)分子量分布宽,易伸长结晶,受剪切力大,易断链

(C)分子链容易氧化断链,发生降解

(D)分子链的键能低

83. 橡胶可塑度的测量方法有(　　)。

(A)压缩法　　　　(B)剪切法　　　　(C)压出法　　　(D)旋转扭力法

84. 生胶混炼的目的是(　　)。

(A)提高橡胶制品的使用性能

(B)改善加工工艺性能

(C)制成质量均匀的混炼胶,为后续成型加工做好准备

(D)节约生胶及降低成本

85. 橡胶混炼质量的关键因素是(　　)。

(A)混炼的时间　　　(B)橡胶的硬度　　　(C)橡胶的可塑性　(D)混炼的温度

86. 开炼机加药的方式有(　　)。

(A)打卷加药法　　　(B)抽胶加药法　　　(C)换胶加药法　(D)割刀加药法

87. 胶料有压延效应的原因是(　　)。

(A)橡胶大分子的结晶效应　　　　(B)橡胶大分子链的拉伸取向

(C)配合剂的无规性　　　　(D)形状不对称的配合剂粒子沿压延方向的取向

88. 对混炼胶的质量要求是(　　)。

(A)能保证成品具有良好的物理机械性能　(B)具有良好的加工工艺性能

(C)能保证成品具有良好的老化性能　(D)胶料不过炼

89. 常见的亲水性配合剂有(　　)。

(A)氧化锌　　　　(B)陶土　　　　(C)氧化镁　　　(D)碳酸钙

90. 配合剂依据其表面性质可分为(　　)。

(A)亲水性配合剂　(B)疏水性配合剂　(C)两亲性配合剂　(D)排斥性配合剂

91. 表面活性剂的作用是(　　)。

(A)在混炼中能润湿粒状配合剂的表面　(B)降低橡胶的表面张力

(C)能增大配合剂对生胶的亲和性　(D)提高配合剂在生胶的分散

92. 影响结合橡胶生成量的因素有(　　)。

(A)补强剂粒子的性质　　　　(B)补强剂的用量

(C)橡胶品种　　　　　　　　　　　　(D)混炼加工的条件

93. 利用开炼机使胶料获得热可塑性的方法有(　　)。

(A)一次热炼法　　　(B)二次热炼法　　　(C)分段热炼法　　　(D)三段热炼法

94. 二次热炼法也叫薄通法,常分两步进行,即(　　)。

(A)软化　　　　　　(B)粗炼　　　　　　(C)细炼　　　　　　(D)混炼

95. 混炼胶质量快检是指(　　)。

(A)可塑度测定　　　(B)密度测定　　　　(C)硬度测定　　　　(D)硫化仪测定

96. 混炼胶可塑度过大、过小、不均匀的原因是(　　)。

(A)塑炼胶可塑度本身不达标　　　　　　(B)混炼时间过长或过短

(C)混炼不均匀　　　　　　　　　　　　(D)补强剂少加或多加

97. 喷霜的表现形式有(　　)。

(A)喷硫　　　　　　(B)喷粉　　　　　　(C)喷蜡　　　　　　(D)渗油

98. 焦烧自硫的原因有(　　)。

(A)配合不当　　　　(B)操作不当　　　　(C)分散不均匀　　　(D)停放不当

99. 设备的检修周期有(　　)。

(A)小修　　　　　　(B)中修　　　　　　(C)大修　　　　　　(D)返厂修

100. 挤出机的主要零件包括(　　)。

(A)底座　　　　　　(B)螺杆　　　　　　(C)机筒　　　　　　(D)机头

101. 下面的(　　)组成了硫化体系中的活化剂。

(A)氧化镁　　　　　(B)氧化锌　　　　　(C)脂肪酸　　　　　(D)硬脂酸

102. 原材料管理包括(　　)。

(A)原材料质量控制"三关"　　　　　　　(B)原材料入库及出库管理

(C)入库单内容　　　　　　　　　　　　(D)储存

103. 塑炼或炼胶的时候,所说的"四不准"是指(　　)。

(A)不准超温　　　　(B)不准超压　　　　(C)不准超速　　　　(D)不准超负荷

104. 塑炼或炼胶的时候,所说的"三会"是指(　　)。

(A)会操作　　　　　(B)会维护保养　　　(C)会拆卸　　　　　(D)会排除故障

105. 下面关于密炼机安全操作规程中,正确的是(　　)。

(A)设备运转中,严禁往密炼室里探头观看

(B)上顶栓漏出的胶料,不准用手拉,要用铁钩取出

(C)操作时要经常检查限位开关,以防出现失控

(D)停车时,要落下上顶栓,关闭风、水、汽阀门,切断电源

106. 下面的开炼机安全操作规程中,下列正确的是(　　)。

(A)开车前要穿戴好劳保用品,工作服要做到三紧

(B)两人以上操作时,必须相互呼应,确认无危险后方可开车

(C)调整辊距要平衡,严禁偏辊操作和带负荷调整

(D)推胶时必须用手半握拳,不准超过辊筒顶端水平线

107. 开炼机开机前的准备检查工作中,下列正确的是(　　)。

(A)检查挡胶板、辊筒、辊距和调距装置等有无异常现象

(B)检查安全制动装置要灵活可靠

(C)检查各联接件和紧固件,联接要良好、紧固无松动

(D)检查减速机箱油位,要在规定的油标高度

108. 混炼工艺按其使用的设备,一般可分为(　　　)。

(A)螺杆挤出去混炼　　(B)破胶机混炼　　(C)开炼机混炼　　(D)密炼机混炼

109. 配合剂中含有下面的(　　　)基团时,会显示很强的亲水性。

(A)非极性长链　　　　(B)—OH　　　　(C)—NH₂　　　　(D)—COOH

110. 配合剂在配合前应满足(　　　)。

(A)纯度要符合一定的标准　　　　　　(B)水分含量低,没有挥发性物质

(C)有一定的颗粒大小,便于分散于生胶中 (D)便于称量和配合

111. 配合剂在配合前需要做的准备工作是(　　　)。

(A)粉状配合剂的干燥　　　　　　　　(B)固体配合剂的粉碎

(C)软化剂的预热和过滤　　　　　　　(D)配合剂的筛选

112. 混炼胶经冷却后一般要停放8 h上才能使用,目的是(　　　)。

(A)使胶料恢复混炼时所受的机械应力,减少胶料的收缩

(B)使配合剂在停放过程中继续扩散,促进均匀分散

(C)使橡胶与炭黑之间进一步生成结合橡胶,提高补强效果

(D)使胶料彻底冷却

113. 密炼机混炼室的冷却方式有(　　　)。

(A)中空式　　　　(B)喷淋式　　　　(C)水浸式　　　　(D)夹套式

114. 橡胶在密炼机中受到的作用力有(　　　)。

(A)转子外表面与混炼室内壁间的作用　(B)两转子之间的作用

(C)转子轴向的往返切割作用　　　　　(D)上顶栓对胶料的挤压作用

115. 密炼机转子的转速是密炼机的重要性能指标之一,它直接影响密炼机的(　　　)。

(A)生产能力　　　(B)功率消耗　　　(C)胶料质量　　　(D)生产效率

116. 挤出机按机头结构分类,可分为(　　　)。

(A)单芯机头　　　(B)有芯机头　　　(C)双芯机头　　　(D)无芯机头

117. 挤出机按机头内胶料压力大小分类,可分为(　　　)。

(A)超高压机头　　(B)高压机头　　　(C)中压机头　　　(D)低压机头

118. 目前常用的胶片冷却装置有(　　　)。

(A)链带式水冷却装置　　　　　　　　(B)悬挂式水冷却装置

(C)链带式吹风冷却装置　　　　　　　(D)悬挂式吹风冷却装置

119. 生产现场的现场管理主要方法有(　　　)。

(A)定岗管理　　　(B)走动管理　　　(C)定置管理　　　(D)标志管理

120. 橡胶配方中起补强作用的是(　　　)。

(A)硫黄　　　　　(B)炭黑　　　　　(C)白炭黑　　　　(D)增塑剂

121. 天然橡胶是一种(　　　)橡胶。

(A)极性　　　　　(B)非极性　　　　(C)饱和　　　　　(D)不饱和

122. 氯丁橡胶是一种(　　　)橡胶。

(A)自补强 (B)非自补强 (C)极性 (D)非极性

123. 下列橡胶中被誉为"无龟裂"橡胶的是( )。

(A)丁苯橡胶 (B)天然橡胶 (C)二元乙丙橡胶 (D)三元乙丙橡胶

124. 下列填料属于填充剂的是( )。

(A)炭黑 (B)碳酸钙 (C)白炭黑 (D)陶土

125. 天然橡胶切胶后,胶块质量合格的是( )。

(A)12 kg (B)16 kg (C)19 kg (D)22 kg

126. 天然橡胶不宜采用高温快速硫化,是因为在高温硫化时( )。

(A)最高扭矩变小 (B)硫化平坦线十分短促

(C)最高扭矩变大 (D)硫化返原现象十分显著

127. 橡胶配方的"3P"是指( )。

(A)价格(price) (B)加工(processing)

(C)能量(power) (D)性能(properties)

128. ASTM D1646 规定了硫化指数的定义,其表达方式是( )。

(A)小转子 $\Delta t = t_{18} - t_3$ (B)小转子 $\Delta t = t_{35} - t_5$

(C)大转子 $\Delta t = t_{18} - t_3$ (D)大转子 $\Delta t = t_{35} - t_5$

129. 橡胶配方中补强填充体系的作用是( )。

(A)提高橡胶力学性能 (B)改善加工工艺性能

(C)使橡胶大分子交联 (D)降低成本

130. 橡胶配方中防老体系的作用是( )。

(A)改善加工性能 (B)延缓橡胶老化

(C)延长制品使用寿命 (D)降低成品硬度

131. 橡胶配方中增塑体系的作用是( )。

(A)延缓橡胶老化 (B)改善加工性能

(C)降低成品硬度 (D)降低胶料的黏度

132. 烟片胶胶包上要标明( )。

(A)烟片胶 (B)级别 (C)厂名 (D)生产日期

133. 天然橡胶中的非橡胶烃含量是 5%~8%,下面是非橡胶烃的是( )。

(A)木屑 (B)蛋白质 (C)水分 (D)沙子

134. 天然橡胶具有良好弹性的原因是( )。

(A)大分子本身有较高的柔性 (B)是自补强橡胶

(C)侧甲基体积小 (D)是非极性橡胶

135. 合成三元乙丙橡胶的原料是( )。

(A)丁二烯 (B)乙烯 (C)丙烯 (D)第三单体

136. 能够用来硫化三元乙丙橡胶的有( )。

(A)树脂硫化体系 (B)硫黄硫化体系

(C)过氧化物硫化体系 (D)金属氧化物硫化体系

137. 再生胶的制造工段有( )。

(A)洗胶 (B)粉碎 (C)脱硫 (D)精炼

138. 一个完整的硫化体系组成是( )。

(A)硫化剂 　　　(B)促进剂 　　　(C)防老剂 　　　(D)活化剂

139. 促进剂 NOBS 是( )促进剂。

(A)噻唑类 　　　(B)次磺酰胺类 　　　(C)准速级 　　　(D)超速级

140. 促进剂 TBTD 是( )促进剂。

(A)秋兰姆类 　　　(B)硫脲类 　　　(C)准速级 　　　(D)超速级

141. 防焦剂在配方中的特点是( )。

(A)不影响硫化胶的结构和性能 　　　(B)提高硫化胶的性能

(C)不影响硫化速度 　　　(D)加快硫化速度,提高生产效率

142. 硫化胶的性能主要取决于( )。

(A)橡胶本身的结构 　　(B)炭黑用量 　　(C)交联密度 　　(D)交联键类型

143. 白炭黑的制造方法主要有( )。

(A)飞扬法 　　　(B)液相法 　　　(C)气相法 　　　(D)沉淀法

144. 炭黑三要素是指( )。

(A)比表面积 　　　(B)结构度 　　　(C)表面性质 　　　(D)密度

145. 白炭黑表面上的主要基团有( )。

(A)羰基 　　　(B)羟基 　　　(C)羧基 　　　(D)硅烷氧基

146. 炭黑 N550 是( )炭黑。

(A)软质炭黑 　　(B)正常硫化速度 　　(C)硬质 　　(D)硫化速度慢

147. 炭黑的结构常用吸油值法测定,该方法有( )。

(A)DOS 吸油值法 　　　(B)DBP 吸油值法储存

(C)压缩样 DOS 吸油值法 　　　(D)压缩样 DBP 吸油值法

148. 丁苯橡胶按聚合的方法分类,可分为( )两种。

(A)离子聚合 　　(B)溶液聚合 　　(C)乳液聚合 　　(D)水溶液聚合

149. 橡胶工业上习惯把( )统称为填料。

(A)补强剂 　　　(B)防老剂 　　　(C)增塑剂 　　　(D)填充剂

150. 促进剂按 pH 值可分为( )三类。

(A)盐类 　　　(B)酸性 　　　(C)中性 　　　(D)碱性

151. 氯丁橡胶储存稳定性不佳,随储存时间的延长,其( )。

(A)门尼黏度增大 　　　(B)门尼黏度降低

(C)焦烧时间缩短 　　　(D)焦烧时间延长

152. 影响橡胶黏度的最重要因素有( )。

(A)压力 　　　(B)分子量 　　　(C)温度 　　　(D)剪切速度

153. 密炼机密封装置的主要作用是( )。

(A)防止油料漏出 　　(B)避免填料飞扬 　　(C)防止污染 　　(D)保护设备

154. 密炼机混炼的优点有装胶容量大、混炼时间短、( )。

(A)生产效率高 　　(B)劳动强度小 　　(C)粉尘飞扬小 　　(D)操作安全

155. 橡胶随温度变化会产生三种物理状态,是指( )。

(A)高弹态 　　　(B)黏流态 　　　(C)玻璃态 　　　(D)液态

156. 所有橡胶制品均需要经过（　　）两个加工过程。

(A)炼胶 　　　　(B)配合 　　　　(C)塑炼 　　　　(D)硫化

157. 橡胶是一种（　　）高分子材料。

(A)高耐磨 　　　(B)大填充 　　　(C)高弹性 　　　(D)大形变

158. 天然橡胶的分级方法有两种，是按照（　　）分级。

(A)使用特性 　　(B)外观质量 　　(C)理化指标 　　(D)加工过程

159. 开炼机辊筒的工作表面应具有较高的（　　）。

(A)硬度 　　　　(B)耐磨性 　　　(C)耐化学腐蚀性 　　(D)抗剥落性

160. 开炼机的主要零部件有（　　）。

(A)辊筒 　　　　(B)辊筒轴承 　　(C)调距装置 　　(D)安全制动装置

161. 开炼机的几个重要的工作参数有（　　）。

(A)辊距 　　　　(B)辊速 　　　　(C)速比 　　　　(D)速度梯度

162. 下面设备可以用来烘胶的是（　　）。

(A)烘房 　　　　(B)烘箱 　　　　(C)人造小太阳 　　(D)电热毯

163. 下列设备属于粉碎机械的是（　　）。

(A)刨片机 　　　(B)球磨机 　　　(C)裁断机 　　　(D)砸碎机

164. 圆盘粉碎机特点是（　　）。

(A)结构简单、效率高 　　　　　　(B)加工时无粉尘飞扬

(C)操作维修不方便 　　　　　　(D)劳动强度低

165. 下列属于鼓式筛选机主要部件的是（　　）。

(A)毛刷 　　　　(B)桶内叶片 　　(C)铜网 　　　　(D)干燥室

166. 橡胶老化的现象多种多样，下列属于橡胶老化的是（　　）。

(A)橡胶制品在仓库储存或使用过程中发生的龟裂现象

(B)未加防老剂的生胶经久储存后会变硬、变脆或者发黏

(C)橡胶薄膜制品经过日晒雨淋后会变色、变脆以至破裂

(D)在户外架设的电线、电缆，由于受大气作用会变硬，破裂以至影响绝缘性

167. 下列属于开炼机混炼三个阶段的是（　　）。

(A)包辊 　　　　(B)吃粉 　　　　(C)翻炼 　　　　(D)薄通

168. 混炼中产生"脱辊"的解决办法包括下面的（　　）。

(A)添加石蜡 　　(B)增大辊距 　　(C)加快转速 　　(D)降温

169. 同一配方可用（　　）方法表示。

(A)基本配方 　　(B)质量百分数配方 (C)体积百分数配方 (D)生产配方

170. 压出是使胶料通过挤出机机筒壁和螺杆之间的作用，连续地制成各种不同形状半成品的工艺过程，可以用于（　　）。

(A)胶料的过滤 　(B)胶料的压片 　(C)胶料的压型 　(D)胶片的贴合

171. 下面炭黑属于软质炭黑的是（　　）。

(A)N330 　　　　(B)N550 　　　　(C)N660 　　　　(D)N774

172. 橡胶老化的外部因素有（　　）。

(A)机械应力因素 (B)物理因素 　　(C)化学因素 　　(D)生物因素

173. 热氧老化中以分子间交联反应为主的橡胶有(   )。
(A)顺丁橡胶   (B)丁苯橡胶   (C)天然橡胶   (D)三元乙丙橡胶

174. 下列防老剂无污染,可以用在白色制品中的是(   )。
(A)4 010NA   (B)445   (C)2 246   (D)4 020

175. 臭氧老化的特征是(   )。
(A)橡胶的臭氧老化是一种表面反应
(B)臭氧龟裂的裂纹方向与受力方向垂直
(C)老化后表面形成黏稠层
(D)橡胶在动态下会在表面产生臭氧龟裂

176. 用密炼机进行塑炼时,必须严格控制(   )。
(A)蒸汽压力   (B)塑炼时间   (C)压延效应   (D)排胶温度

177. 配方、(   )和产品结构设计之间存在着强烈的依存和制约关系。
(A)塑炼   (B)设备   (C)工艺条件   (D)原材料

178. 下列说法错误的是(   )。
(A)胶料在地面铺设的铁板上不算胶料落地
(B)胶料标识只包括卡片和手写垛顶两部分
(C)堆垛时机以不超温为原则
(D)下辅线中间开炼机需切落两次或上翻胶辊两个来回后方可发料

179. "橡胶配方中各组分之间有复杂的交互作用"是指配方中原材料之间产生的(   )。
(A)协同效应   (B)并用效应   (C)加和效应   (D)对抗作用

180. 生产终炼胶时,如果卸料门发生故障,下列做法错误的是(   )。
(A)联系保全处理异常   (B)提高转子转速
(C)联系负责人反应情况   (D)手动不断开关卸料门,看能否打开

181. 橡胶在老化过程中,常见的结构变化有(   )。
(A)分子间产生交联   (B)分子链降解
(C)主链或侧链的改性   (D)侧基脱落弱键断裂

182. 热炼分为(   )阶段。
(A)密炼   (B)精炼   (C)粗炼   (D)混炼

183. 胶料焦烧的表现是(   )。
(A)胶料挤出后表面不光滑   (B)可塑度变大
(C)流动性变大   (D)胶料挤出后表面光滑

184. 引起喷霜的原因有(   )。
(A)混炼不均   (B)配合不当
(C)混炼温度过低   (D)混炼胶停放时间过长

185. 生胶水分含量过高,对生胶储存和加工有(   )影响。
(A)生胶在储存过程中容易发霉   (B)拉伸强度变低
(C)混炼时配合剂易结团   (D)硫化时易产生气泡

四、判 断 题

1. 开炼机炼胶的包辊阶段属于加入生胶的软化阶段。(   )

2. 硫黄给予体硫化天然橡胶时在橡胶中形成较稳定的双硫键或单硫键,因此硫化橡胶的耐热性好。(　　)

3. 理论正硫化时间是胶料从加入模具中受热开始到转矩达到 M_{90} 所需要的时间。(　　)

4. 丁腈橡胶不能塑炼的原因是在密炼机温度下,丁腈橡胶不但不能获得塑炼效果,反而导致凝胶的生成。(　　)

5. 橡胶的臭氧老化是一种内部反应。(　　)

6. 开炼机开车前检查是否有人依靠在机台或者运转部位,无人时方可开车。(　　)

7. 开炼机操作时,试辊筒温度时手指朝下与辊筒运转方向相反,不准顺辊筒或超过安全线试温。(　　)

8. 开炼机操作时,推胶时必须将手握成拳进行,不准超过安全线。(　　)

9. 开炼机塑炼时,操作人员应站在侧面,等包辊后才可以割胶,胶头要接上,以免胶片打伤人。(　　)

10. 开炼机操作时,机器在运转过程中,发现胶内有杂质、杂物时,必须等彻底停车后才能取出杂质、杂物。(　　)

11. 密炼机排料后,胶在漏斗处堵住时,必须由上往下推,不得在下面伸头往上看或用钩子往下钩。(　　)

12. 开炼机操作时,机器在运转时,严禁到机台底下和运转部位附近捡胶片。(　　)

13. 密炼机发出排胶信号后,下辅机操作人员必须将辊筒上的存胶全部割下才能回铃,以免发生事故。(　　)

14. 工作时,手套严禁扎在手腕处。(　　)

15. 工作结束后,保持机台和工作场地清洁整齐,做好交接班记录。(　　)

16. 密炼工艺是对原材料和配合剂进行称量、配合的工艺。(　　)

17. 对于每批原材料都必须进行抽检。(　　)

18. 对于日用量较少的脆性物料可以用铁锤敲击来进行粉碎。(　　)

19. 筛选的目的是去除配合剂中的机械杂质和本身的粗粒子。(　　)

20. 软化剂加热的目的是去除过多水分和挥发物,保证质量。(　　)

21. 软化剂过滤时,常常要先进行加热。(　　)

22. 常用配合剂的外观鉴别方法就是用眼看。(　　)

23. 由于气候因素,配合剂在运输中吸收空气中的水分是无法避免的,可以直接投入生产。(　　)

24. 配料工艺的原则是准确、不错、不漏。(　　)

25. 烘胶的目的之一是降低电耗。(　　)

26. 烘胶房中,生胶与热源的距离应大于 40 cm。(　　)

27. 夏天烘天然橡胶的温度应该在 40～50 ℃范围内。(　　)

28. 合成橡胶一般每包装块质量为 25～35 kg。(　　)

29. 在切胶工艺中,切后的胶块质量应视胶种而定。(　　)

30. 天然橡胶在切胶前必须将包装用塑料薄膜剥干净。(　　)

31. 选胶的目的是根据胶料性能要求不同而选用不同外观质量的生胶,以满足产品的需

要。(　　)

32. 薄膜制品和浅色制品要选择透明的胶块。(　　)

33. 通常只有天然橡胶才需要破胶。(　　)

34. 天然橡胶破胶后应打成质量为 25 kg 左右的胶卷,以备塑炼。(　　)

35. 在配合剂称量时,在同一衡器上,称量的量越少,误差就越小。(　　)

36. 在手工称量配合剂操作时,配合剂的称量顺序是可以随机的。(　　)

37. 台秤使用前要检查各部件是否完整,秤砣与秤杆是否配对。(　　)

38. 刨刀、铁锤也是粉碎设备。(　　)

39. 圆盘粉碎机的主要部件有旋转多柱盘和旋转多盘刨刀。(　　)

40. 圆鼓筛主要用于筛选硫黄和氧化锌。(　　)

41. 洗胶机与开炼机结构基本相同。(　　)

42. 破胶时要依次连续投料,不宜中断。(　　)

43. 用于联动作业线的切胶机采用卧式的比立式的少。(　　)

44. 单刀液压切胶机常用于中小企业。(　　)

45. 切胶操作时应擦去刀架旁的滑槽内的油,以免污染生胶。(　　)

46. 生胶的塑炼就是使生胶由柔软的塑性状态转变为强韧的弹性状态的工艺过程。(　　)

47. 生胶塑炼的目的主要是为了提高产品的耐磨性。(　　)

48. 所谓"塑炼效果差",就是可塑度过低。(　　)

49. 大部分天然橡胶都需要塑炼。(　　)

50. 开炼机塑炼是借助两个相对转动的转子作用,使分子链被扯断,而获得可塑度的。(　　)

51. 开炼机塑炼劳动强度大,但生产效率高。(　　)

52. 用于塑炼的开炼机,其辊筒是中空的,内部有用于加热的电阻丝。(　　)

53. 影响开炼机塑炼的因素包括操作工的熟练程度。(　　)

54. 一段塑炼应停放 10 h 以上,再进行二段塑炼。(　　)

55. 二段塑炼的可塑度应在 0.3 左右。(　　)

56. 三段塑炼的可塑度应在 0.55 左右。(　　)

57. 薄通塑炼的辊距为 0.5~1 mm。(　　)

58. 薄通塑炼法适用于要求可塑度高且均匀的胶料。(　　)

59. 薄通塑炼法是在实际生产中应用最广的。(　　)

60. 在包辊塑炼过程中需要多次割刀是为了散热。(　　)

61. 包辊塑炼法适用于并用胶的掺和。(　　)

62. 塑炼时间短、劳动强度低是包辊塑炼法的优点。(　　)

63. 可塑度要求在 0.4 时,可以采用二段塑炼法。(　　)

64. 分段塑炼法是当塑炼胶可塑性要求较高,用包辊塑炼法或薄通塑炼法达不到目的时,而采用的一种有效方法。(　　)

65. 分段塑炼法的缺点有生产管理比较麻烦,需占用较大的厂房面积。(　　)

66. 化学塑解剂塑炼法是在分段塑炼法的基础上添加化学塑解剂进行塑炼的。(　　)

67. 由于密炼机塑炼比开炼机塑炼温度高,所以生胶受到的剪切作用大。(　　)

68. 密炼塑炼温度一般在 160 ℃ 以上。(　　)

69. 密炼机一段塑炼法的可塑度在 0.5 左右。（　　）

70. 在炼胶机上将配合剂混入生胶中,这一工艺过程称为混炼。（　　）

71. 经过混炼制成的胶料称为混炼胶。（　　）

72. 能保证成品具有良好的物理机械性能是对混炼胶的要求。（　　）

73. 胶料经过一定时间混炼后,若继续进行长时间混炼,对提高配合剂的分散程度并不太显著的现象称过炼。（　　）

74. 随着炭黑在橡胶中分散程度的提高,胶料的耐磨性提高。（　　）

75. 混炼可分为打开阶段和分散阶段。（　　）

76. 混炼第二步时产生浓度很高的炭黑—橡胶团块。（　　）

77. 橡胶黏度越低,吃粉就越快。（　　）

78. 混炼第二阶段是炭黑—橡胶团浓度由高到低的过程。（　　）

79. 混炼第二阶段需要较大的剪切力。（　　）

80. 用开炼机混炼属于间歇混炼,用密炼机连续混炼。（　　）

81. 开炼机混炼过程可以分三个阶段,即包辊、吃粉、翻炼。（　　）

82. 包辊是开炼机混炼的前提。（　　）

83. 在开炼混炼中,胶片厚度约 1/5 处的紧贴前辊筒表面的胶层,称为"死层"。（　　）

84. 在开炼混炼中,一段混炼法生产的混炼胶不含硫黄和超速促进剂。（　　）

85. 在混炼中,加料顺序不当会影响分散均匀性。（　　）

86. 在混炼中一般来说,硫黄和促进剂应分开加。（　　）

87. 在混炼中一般来说,配合剂量较少而且难以分散的先加。（　　）

88. 在混炼中一般来说,配合剂用量多而且容易分散的先加。（　　）

89. 一般来说在混炼天然橡胶时,硫黄最后加入。（　　）

90. 天然橡胶常规开炼机混炼时,大料和软化剂可以同时加入。（　　）

91. 天然橡胶开炼机混炼时油料应先加入。（　　）

92. 能使橡胶的负电荷或填料的正电荷加大的,对混炼有利。（　　）

93. 装胶容量过大,易产生过炼现象。（　　）

94. 在开炼机混炼加配合剂时,不准割刀。（　　）

95. 在混炼吃粉阶段,堆积胶量的多少最关键。（　　）

96. 结合橡胶的生成有助于炭黑附聚体在混炼过程中发生破碎和分散均匀。（　　）

97. 塑炼过程实质上就是使橡胶的大分子断裂,大分子链由长变短的过程。塑炼的目的就是便于加工制造。（　　）

98. 天然橡胶中橡胶大分子的分子量差别很大,使天然橡胶的加工性能不好。（　　）

99. 采用合理的加药顺序、使用不溶性硫黄都可减少喷硫现象。（　　）

100. 一个橡胶配方包括生胶聚合物、硫化剂、促进剂、活性剂、防老剂、补强填充剂、软化剂等基本成分。（　　）

101. 开炼机的主要作用是调节胶料黏度,使下工序生产的半部件均匀性更好。（　　）

102. 习惯上生胶和硫化胶统称为橡胶。（　　）

103. 增塑体系能提高橡胶力学性能,改善加工工艺性能,降低成本。（　　）

104. 防护体系能延缓橡胶老化,延长制品使用寿命。（　　）

105. 对于一般橡胶而言,不论做什么制品均需要经过炼胶和硫化两个加工工艺。(　　)

106. 1839 年美国人 Anthony 经长期的艰苦试验研究发明了硫化。(　　)

107. 1888 年爱尔兰人 Dunlop 发明了充气轮胎。(　　)

108. 硫化是橡胶加工的最后一道工序,通过一定的温度、时间和压力后使橡胶大分子发生化学反应形成交联的工艺过程。(　　)

109. 压延时混炼胶或与织物通过压片、压型、贴合、擦胶、贴胶等操作制成一定规格的半成品的工艺过程。(　　)

110. 天然橡胶属于极性不饱和橡胶。(　　)

111. 三元乙丙橡胶属于非极性饱和橡胶。(　　)

112. 氯丁橡胶属于极性饱和橡胶。(　　)

113. 杜仲橡胶树生产的橡胶是顺式聚异戊二烯。(　　)

114. 天然橡胶可以按照外观质量分级和按理化指标分级。(　　)

115. 把各种配合剂和具有塑性的生胶,均匀地混合在一起的工艺过程,称为塑炼。(　　)

116. 我国规定烟片胶包装重 50 kg。(　　)

117. 马来西亚的标准胶包装重 33.3 kg。(　　)

118. ISO 2000 规定标准胶有 4 个等级。(　　)

119. 一般天然橡胶中橡胶烃的含量是 5%~8%。(　　)

120. 天然橡胶中的丙酮抽出物是橡胶中能溶于丙酮的物质。(　　)

121. 天然橡胶中的高分子量部分对加工性能有益,低分子量部分能提供好的机械性能。(　　)

122. 天然橡胶是一种自补强橡胶,也就是说不需加补强剂自身就有较高的强度。(　　)

123. 天然橡胶良好的弹性是由于天然橡胶大分子本身有较高的柔性。(　　)

124. 硫化橡胶的拉伸强度称为格林强度。(　　)

125. 天然橡胶机械强度高的原因在于它是自补强橡胶,当拉伸时会使大分子链沿应力方向取向形成结晶。(　　)

126. 天然橡胶是极性橡胶,它溶于极性溶剂和极性油中。(　　)

127. 天然橡胶是非极性橡胶,它不溶于丙酮中。(　　)

128. 天然橡胶比合成橡胶容易塑炼。(　　)

129. 天然橡胶比合成橡胶容易混炼。(　　)

130. 天然橡胶易包热辊。(　　)

131. 天然橡胶最适宜的硫化温度是 143 ℃,一般不超过 160 ℃。(　　)

132. 聚异戊二烯橡胶的结晶能力跟天然橡胶是一样的。(　　)

133. 聚异戊二烯橡胶中也含有天然橡胶中那么多的蛋白质和丙酮抽出物等非橡胶烃成分。(　　)

134. 塑性保持率是指生胶在 150 ℃×30 min 加热前后华莱士可塑度的比值。(　　)

135. 塑性保持率数值越高表明该生胶抗热氧化断链的能力越强。(　　)

136. 国产烟片胶根据国标共分为 5 个等级。(　　)

137. 丁苯橡胶是丁二烯与苯乙烯的共聚物。(　　)

138. 丁苯橡胶是不饱和非极性橡胶。(　　)

139. 丁苯橡胶跟天然橡胶一样是自补强橡胶。(　　)

140. 丁苯橡胶的耐磨性能优于天然橡胶。(　　)

141. 丁苯橡胶不易塑炼,一般也不需要塑炼。(　　)

142. 丁苯橡胶易包热辊。(　　)

143. 顺丁橡胶具有良好的弹性,是通用橡胶中弹性最好的一种。(　　)

144. 顺丁橡胶耐热老化性能优于天然橡胶,老化以交联为主。(　　)

145. 三元乙丙橡胶最突出的性能是高度的化学稳定性、优异的电绝缘性能和耐过热水性能。(　　)

146. 乙丙橡胶被誉为"无龟裂"橡胶。(　　)

147. 三元乙丙橡胶耐热老化性能在通用橡胶中是最差的。(　　)

148. 三元乙丙橡胶不耐强碱和洗涤剂。(　　)

149. 三元乙丙橡胶是非极性橡胶,它不耐非极性油类。(　　)

150. 三元乙丙橡胶是自补强橡胶,不需加补强剂自身就有较高的强度。(　　)

151. 在通用橡胶中,丁基橡胶具有最好的气密性。(　　)

152. 丁基橡胶易包冷辊。(　　)

153. 在通用橡胶中,丁基橡胶的弹性是最好的。(　　)

154. 丁腈橡胶是丁二烯与丙烯腈的共聚物。(　　)

155. 在通用橡胶中,丁腈橡胶的耐油性是最好的。(　　)

156. 丁腈橡胶是一种半导体材料。(　　)

157. 随着丁腈橡胶中丙烯腈含量的增加,耐油性变差。(　　)

158. 氯丁橡胶是一种自补强橡胶。(　　)

159. 氯丁橡胶的耐热氧老化性能优于天然橡胶,耐低温性能同天然橡胶相似。(　　)

160. 氯丁橡胶炼胶时易粘辊,加一些石蜡、凡士林等润滑剂有助于解决。(　　)

161. 橡胶线性大分子链通过化学交联而构成三维网状结构的化学变化过程是老化。(　　)

162. 硫化过程是交联过程,或称网络结构化过程。(　　)

163. 一个完整的硫化体系由硫化剂、促进剂和防老剂组成。(　　)

164. 硫化历程可分为焦烧阶段、热硫化阶段、平坦阶段和过硫化阶段。(　　)

165. 焦烧时间的长短关系到生产加工安全性,决定于胶料配方成分,主要受硫化剂的影响。(　　)

166. 防老剂是指能降低硫化温度,缩短硫化时间,减少硫黄用量,又能改善硫化胶物理机械性能的物质。(　　)

167. 促进剂 DM 是超速级别的促进剂。(　　)

168. 促进剂 TMTD 是准速级别的促进剂。(　　)

169. 促进剂 CZ 是迟效性准速级别的促进剂。(　　)

170. TMTD 既是促进剂又是硫载体。(　　)

171. 氧化锌和硬脂酸在硫黄硫化体系中组成了活化体系。(　　)

172. 防焦剂不影响硫化胶的结构和性能,但可以提高硫化速度。(　　)

173. 硫黄硫化时最常用的防焦剂是CTP。(　　)

174. 硫黄的各种硫化体系有普通硫黄硫化体系、半有效硫黄硫化体系、有效硫黄硫化体系和平衡硫化体系。(   )

175. 普通硫黄硫化体系得到的硫化胶网络大多含有多硫键,具有良好的初始疲劳性能。(   )

176. 有效硫黄硫化体系中单、双硫交联键含量高,单、双硫交联键短、键能高、热稳定性好。(   )

177. 防老剂在高温硫化体系中是不必要的,它的存在促进了硫化过程中的热氧破坏作用,对保证平坦硫化十分不利。(   )

178. 一般来说硫化胶的性能取决于橡胶本身的结构、交联密度和交联键的类型。(   )

179. 补强是指能使橡胶的拉伸强度、撕裂强度及耐磨耗性同时获得明显提高的作用。(   )

180. 橡胶工业上用的主要补强剂是炭黑和白炭黑。(   )

181. 补强剂和增塑剂统称填料。(   )

182. 碳酸钙的补强性比 N774 要好。(   )

183. N330 的耐磨性比 N550 要好。(   )

184. 填料的粒径越细,比表面积越大,对橡胶的补强性也越高。(   )

185. 炭黑吸油值有 DOP 吸油值和压缩样 DOP 吸油值两种。(   )

186. 一般炭黑的 DBP 值大于 $1.2 \text{ cm}^3/\text{g}$ 为高结构炭黑。(   )

187. 一般炭黑的 DBP 值在 $0.80\sim1.2 \text{ cm}^3/\text{g}$ 为低结构炭黑。(   )

188. 混炼胶随停放时间增加,结合橡胶量增加,大约一周后趋于平衡。(   )

189. 混炼胶可以直接使用,无需停放。(   )

190. 白炭黑,特别是气相法白炭黑是丁腈橡胶最好的补强剂。(   )

五、简 答 题

1. 开炼机塑炼的优点有哪些?

2. 什么是橡胶老化?

3. 橡胶老化在表面上有哪些表现?

4. 橡胶老化试验方法可分为哪几类?

5. 开炼机的混合过程分为哪几个阶段? 分别指的是什么?

6. 什么叫混炼?

7. 生胶塑炼对橡胶结构及性能的影响是什么?

8. 机械力在塑炼过程中起什么作用?

9. 密炼机塑炼的优点有哪些?

10. 影响开炼机混炼胶料质量的因素有哪些?

11. 硫化体系的选择依据是什么?

12. 开炼机包辊塑炼的优缺点是什么?

13. 开炼机薄通塑炼的优缺点是什么?

14. 密炼机塑炼的影响因素有哪些?

15. 在开炼机塑炼中温度如何影响塑炼效果? 原因是什么? 解决措施是什么?

16. 速比在开炼机塑炼中如何影响塑炼效果？原因是什么？

17. 辊速在开炼机塑炼中如何影响塑炼效果？原因是什么？

18. 什么是密炼的顺炼法？优缺点是什么？

19. 什么是密炼的逆炼法？优缺点是什么？

20. 为什么用密炼机混炼胶料时，采用低转速比高转速有利于配合剂的分散？

21. 剪切型和啮合型密炼机工作原理的主要区别是什么？

22. 混炼工艺必须达到哪些要求？

23. 用开炼机混炼胶料时宜使用辊温较低的原因有哪些？

24. 混炼胶可塑度的确定原则是什么？

25. 表面活性剂的作用机理是什么？

26. 什么是塑炼？

27. 影响结合橡胶生成量的因素是什么？

28. 开炼机炼胶中产生"脱辊"的原因是什么？

29. 开炼机炼胶中产生"脱辊"的解决办法是什么？

30. 橡胶在混炼过程中为什么常要涂隔离剂？

31. 为什么硫黄给予体硫化的天然橡胶具有好的耐热性？

32. 橡胶混炼方法的分类方法是什么？

33. 密炼机转子的冷却方式有哪些？

34. 常用的设备维修方式有哪些？

35. 活化剂的作用是什么？

36. 橡胶在老化过程中分子结构可发生哪几种类型的变化？

37. 橡胶的臭氧老化主要特征是什么？

38. 开炼机塑炼工艺方法有哪些？

39. 影响开炼机塑炼的主要因素有哪些？

40. 影响密炼机塑炼的主要因素有哪些？

41. 什么是理论正硫化时间？

42. 什么是工艺正硫化时间？

43. 橡胶的硫化历程是什么？

44. 化学塑炼法的优缺点是什么？

45. 影响包辊状态的因素有哪些？

46. 橡胶混炼过程中对湿润阶段的要求是什么？

47. 开炼机混炼的特点是什么？

48. 薄通法翻炼的操作要点是什么？

49. 操作人员对所使用的设备做到哪"四懂"？

50. 造成混炼胶密度过大、过小或者不均的原因是什么？

51. 开炼机炼胶时软化剂的加入方法是什么？

52. 密炼机炼胶的缺点是什么？

53. 顺丁橡胶的特点是什么？

54. 为什么天然橡胶不宜采用高温快速硫化？

55. 机械零件的磨损类型主要有哪几种?

56. 密炼混炼胶排胶后需要进行压片或者造粒的目的是什么?

57. 胶料进行冷却的目的是什么?

58. 简述三元乙丙胶混炼时的工艺性能。

59. 密炼机混炼通过哪些过程进行检验,以实现对工艺过程的质量控制?

60. 胶料检验的目的是什么?

61. 橡胶配方的四种表示形式是什么?

62. 橡胶为什么要进行硫化?

63. 开炼机辊筒运转中发现胶料中有杂物,如何处理?

64. 防焦剂的作用以及目的是什么?

65. 齿轮主要有哪几种失效形式?

66. 开炼机炼胶时天然橡胶的常规加料顺序是什么?

67. 什么是橡胶的疲劳老化?

68. 混炼对胶料下一步的加工和制品的质量起着决定性的作用的原因是什么?

69. 丁腈橡胶不能用密炼机塑炼的原因是什么?

70. 密炼机混炼的影响因素有哪些?

六、综 合 题

1. 试按表1中的基本配方和其他参数换算出生产配方形式,假定装机质量是 31.5 kg。

表　1

配合剂	基本配方/份数
天然橡胶	100
硫黄	2.75
促进剂 M	0.75
氧化锌	5
硬脂酸	3
防老剂 4010NA	1
炭黑 N550	45
合计	157.5

2. 已知基本配方为:天然橡胶 100,硫黄 2.5,CZ 0.6,氧化锌 4,硬脂酸 1,防老剂 2.5,炭黑 47,石蜡油 4,微晶蜡 1。炼胶设备装胶容量是 31.5 kg。请计算生产配方中天然橡胶和硫黄的用量。

3. 综述 QC 小组活动遵循 PDCA 循环的基本步骤。

4. 开炼机混炼时辊距不当引起的后果是什么?

5. 开炼机混炼时辊温不当引起的后果是什么?

6. 开炼机混炼时混炼时间确定的原则是什么?

7. 开炼机混炼时混炼时间不当引起的后果是什么?

8. 开炼机混炼时速比不当引起的后果是什么?

9. 开炼机混炼时装胶容量不当引起的后果是什么？

10. 密炼机炼胶二段混炼法的优点是什么？

11. 密炼机炼胶一段混炼法的特点是什么？

12. 密炼机上顶栓压力不当的后果是什么？

13. 密炼时提高上顶栓压力的作用是什么？

14. 密炼机炼胶时温度不当的后果是什么？

15. 论述天然橡胶混炼时的工艺性能。

16. 天然橡胶混炼时的注意事项是什么？

17. 论述丁苯橡胶混炼时的工艺性能。

18. 论述顺丁橡胶混炼时的工艺性能。

19. 论述氯丁橡胶混炼时的工艺性能。

20. 论述丁腈橡胶混炼时的工艺性能。

21. 论述丁基橡胶混炼时的工艺性能。

22. 混炼胶料在使用前必须停放的目的是什么？

23. 在进行橡胶耐热压缩永久变形试验后，已知如下数据：圆柱形试样原始高度 h_0 为 1.00 cm，压缩 20% 后的试样限位器高度 h_1 为 8.0 mm，卸载 0.5 h 后的试样高度 h_2 为 9.2 mm，请计算试样的压缩永久变形。（计算结果精确到 1%）

24. 进行橡胶试片的拉伸试验，已知：试样厚度为 2.10 mm，试样宽度为 6.00 mm，扯断时最大负荷为 200 N，此时试样两标线的距离为 100 mm，请计算拉伸强度和扯断伸长率。

25. 举例说明橡胶老化的防护方法。

26. 什么是橡胶的热氧老化？影响热氧老化的外部因素主要有哪些？并作定性说明。

27. 什么是橡胶的疲劳老化？其老化机理目前主要有哪两种？

28. 混炼操作开始前，需进行哪些准备工作？

29. 简述减少压延效应的措施。

30. 对一种牌号的天然橡胶试片进行物理机械性能试验，获得如下表 2 所示数据：请计算出该材料的拉伸强度和拉断伸长率。（计算结果保留小数点后一位有效数字）

表　2

哑铃试样编号（Ⅰ型）	试样厚度（mm）	试样宽度（mm）	最大拉伸力（N）	拉断时两标线间距（mm）
1 号	2.0	6.0	205	124.0
2 号	2.0	6.0	200	119.0
3 号	2.0	6.0	210	120.0

31. 炭黑聚集体表面有什么基团？炭黑的 pH 值与表面基团有什么关系？

32. 混炼胶片为什么要冷却和停放？停放时要注意哪些事项？

33. 混炼胶料进行快检的目的是什么？

34. 硫化时间确定后为什么不能随意改动？

35. 橡胶配方设计有什么原则？

橡胶炼胶工(高级工)答案

一、填空题

1. 减小	2. 分散	3. 焦烧	4. 龟裂
5. 包辊性	6. 连续干燥法	7. 水分	8. 取向
9. 硫化	10. 脂肪酸	11. 40	12. 硫黄
13. 丙烯腈	14. 过氧化物	15. 均一化	16. 23±2
17. 黏流态	18. 3	19. 各向异性	20. 耐气候老化
21. 500±50	22. 压延	23. 12	24. 耐臭氧老化
25. 中	26. 高分子	27. 提高	28. 一段塑炼
29. 硫化	30. $M_L+(M_H-M_L)\times10\%$		31. 烘胶
32. 加工	33. 合成橡胶	34. 红外线	35. 热硫化期尽可能短
36. 温度	37. 防护体系	38. 黏流态	39. 活化剂
40. 小	41. 烘胶	42. 配料	43. 辊筒
44. 补强剂	45. 通用炉黑	46. 炉法炭黑	47. 沉淀法
48. 防老剂	49. 对抗效应	50. 疲劳老化	51. 母炼
52. 干燥	53. 25	54. 焦烧	55. 速度梯度
56. 剪切速度	57. 辊筒	58. 化学塑解剂	59. 圆周钻孔
60. 热硫化阶段	61. 直接硫化	62. 数目	63. 水浸
64. 喷淋	65. 分散度	66. 混炼温度	67. 密炼机
68. 开式	69. 排料	70. 密炼机	71. 立式
72. 液压传动	73. 挤出段	74. 辊筒	75. 分散
76. 碱性	77. 超速	78. 相反	79. 握成拳
80. 彻底停车	81. 由上往下推	82. 化学改性	83. 配合剂
84. 捏炼	85. 配合剂	86. 脱辊	87. 生胶
88. 前	89. 慢	90. 难	91. 分散性
92. 相斥	93. 差	94. 收缩	95. 自粘
96. 刀刃	97. 操作安全	98. 可塑度	99. 活化剂
100. 缩短	101. 补强剂	102. 有补强	103. 无补强
104. 塑性保持率	105. 马来西亚	106. 硫化	107. 立体网状
108. 促进剂	109. 单相	110. 配方设计	111. 准速
112. 准速	113. 超速	114. 耐疲劳	115. 变软发黏
116. 5~10	117. 细炼	118. 密封装置	119. 挡胶装置
120. 辊筒	121. 剪切	122. 炼胶容量	123. 连续干燥

124. 先进先出　　125. 加热　　126. 差　　127. 辊筒

128. 单刀　　129. 60　　130. 1：1.25～1：1.27

131. 三分之一(或1/3)　132. 硫化速度　133. 辊筒　　134. 喷硫

135. 喷霜　　136. 自补强　　137. 非极性　　138. 合成

139. 开炼机　　140. 补强剂　　141. 最大值　　142. 结晶

143. 准确　　144. 出货关　　145. 140　　146. 开炼机

147. 1.2　　148. 0.8　　149. DBP 吸油值　　150. 5：4

151. 五(或5)　　152. 92%～95%　　153. 机械性能　　154. 弹性

155. 格林强度　　156. 氟橡胶　　157. 天然橡胶　　158. 强

159. 苯乙烯　　160. 顺丁橡胶　　161. 乙丙橡胶　　162. 丁基橡胶

163. 丁腈橡胶　　164. 白炭黑　　165. 100　　166. 固态橡胶

167. 焦烧　　168. 分散均匀　　169. 变小　　170. 异戊二烯

171. 保持不变　　172. 水　　173. 行业标准　　174. 辊筒的速比

175. 转子转速　　176. 50%　　177. 65%　　178. 6

179. 不同类型　　180. 硫化仪　　181. 6　　182. 平均值

183. 中　　184. 4　　185. 静态　　186. 进货关

187. 保管关　　188. 出货关　　189. 微波干燥法　　190. 间歇干燥法

二、单项选择题

1. D	2. C	3. B	4. A	5. D	6. C	7. D	8. C	9. A
10. B	11. C	12. B	13. B	14. A	15. C	16. A	17. C	18. A
19. C	20. C	21. B	22. A	23. B	24. B	25. B	26. B	27. A
28. C	29. C	30. B	31. B	32. A	33. A	34. C	35. B	36. A
37. C	38. B	39. D	40. C	41. B	42. D	43. C	44. B	45. B
46. D	47. B	48. B	49. C	50. B	51. A	52. D	53. C	54. B
55. A	56. B	57. B	58. D	59. A	60. C	61. B	62. B	63. B
64. D	65. C	66. C	67. C	68. D	69. A	70. B	71. D	72. B
73. D	74. C	75. D	76. C	77. B	78. C	79. A	80. A	81. C
82. B	83. D	84. D	85. C	86. A	87. D	88. A	89. B	90. A
91. D	92. D	93. A	94. C	95. A	96. A	97. A	98. D	99. C
100. B	101. A	102. D	103. C	104. B	105. C	106. A	107. C	108. B
109. A	110. C	111. A	112. B	113. D	114. C	115. C	116. B	117. B
118. D	119. C	120. B	121. B	122. C	123. A	124. C	125. A	126. C
127. B	128. B	129. B	130. A	131. A	132. D	133. C	134. B	135. C
136. C	137. A	138. C	139. A	140. C	141. D	142. C	143. B	144. B
145. A	146. C	147. A	148. B	149. B	150. D	151. B	152. C	153. B
154. D	155. A	156. B	157. B	158. D	159. A	160. B	161. A	162. B
163. C	164. C	165. A	166. C	167. C	168. C	169. D	170. D	171. B
172. A	173. B	174. A	175. D	176. D	177. A	178. B	179. A	180. D

181. C　　182. C　　183. D　　184. A　　185. B

三、多项选择题

1. ABCD　2. AB　3. ABD　4. AC　5. BCD　6. BD　7. CD

8. BD　9. BCD　10. BD　11. ABC　12. AC　13. ABCD　14. ABCD

15. ABCD　16. ABCD　17. ABC　18. BCD　19. ABD　20. ABC　21. ABCD

22. ABCD　23. ABD　24. ABD　25. BCD　26. BC　27. AC　28. ABCD

29. ABC　30. ABCD　31. AB　32. ABC　33. ABCD　34. ABCD　35. ABC

36. ABC　37. AB　38. AC　39. BCD　40. ABC　41. AB　42. BCD

43. CD　44. ABD　45. ABCD　46. ACD　47. ABCD　48. ABCD　49. ABCD

50. ABCD　51. ABCD　52. ABCD　53. ABC　54. AC　55. AB　56. ABCD

57. ABD　58. ABC　59. ABCD　60. BC　61. CD　62. ABC　63. BCD

64. AD　65. BC　66. ABCD　67. CD　68. ABCD　69. AC　70. ABCD

71. BCD　72. ABD　73. BC　74. ABCD　75. AD　76. ABD　77. ABCD

78. ABCD　79. AD　80. ABC　81. ACD　82. BCD　83. ACD　84. ABCD

85. CD　86. BC　87. BD　88. AB　89. ABCD　90. AB　91. ABCD

92. ABCD　93. AB　94. BC　95. ABCD　96. ABCD　97. ABCD　98. ABCD

99. ABC　100. BCD　101. BD　102. ABCD　103. ABCD　104. ABD　105. ABCD

106. ABCD　107. ABCD　108. CD　109. BCD　110. ABCD　111. ABCD　112. ABC

113. BCD　114. ABC　115. ABCD　116. BD　117. BCD　118. CD　119. BCD

120. BC　121. BD　122. AC　123. CD　124. BD　125. ABC　126. BD

127. ABD　128. AD　129. ABD　130. BC　131. BCD　132. ABCD　133. BC

134. ACD　135. BCD　136. ABC　137. BCD　138. ABD　139. BC　140. AD

141. AC　142. ACD　143. CD　144. ABC　145. BD　146. AB　147. BD

148. BC　149. AD　150. BCD　151. AC　152. BCD　153. BC　154. ABCD

155. ABC　156. AD　157. CD　158. BC　159. ABCD　160. ABCD　161. BCD

162. AB　163. ABD　164. AD　165. ABC　166. ABCD　167. ABC　168. CD

169. ABCD　170. ABC　171. BCD　172. BCD　173. ABD　174. BC　175. AB

176. BD　177. BCD　178. ABC　179. ACD　180. BD　181. ABCD　182. BC

183. AB　184. ABD　185. ACD

四、判　断　题

1. √　2. √　3. ×　4. √　5. ×　6. √　7. √　8. √　9. √

10. √　11. √　12. √　13. √　14. √　15. √　16. ×　17. ×　18. √

19. √　20. ×　21. √　22. ×　23. ×　24. √　25. √　26. ×　27. ×

28. √　29. √　30. ×　31. √　32. ×　33. √　34. √　35. ×　36. ×

37. ×　38. ×　39. ×　40. √　41. √　42. √　43. ×　44. √　45. ×

46. ×　47. ×　48. ×　49. √　50. ×　51. ×　52. ×　53. √　54. ×

55. ×　56. √　57. √　58. √　59. √　60. ×　61. √　62. √　63. √

64.√　65.√　66.×　67.×　68.×　69.×　70.×　71.√　72.√
73.×　74.√　75.×　76.×　77.√　78.√　79.√　80.×　81.√
82.√　83.√　84.√　85.√　86.√　87.√　88.√　89.√　90.√
91.×　92.√　93.√　94.√　95.√　96.√　97.√　98.√　99.√
100.√　101.×　102.√　103.√　104.√　105.√　106.√　107.√　108.√
109.√　110.√　111.√　112.√　113.√　114.√　115.√　116.√　117.√
118.×　119.√　120.√　121.√　122.√　123.√　124.√　125.√　126.√
127.√　128.√　129.√　130.√　131.√　132.√　133.√　134.√　135.√
136.√　137.√　138.√　139.√　140.√　141.√　142.√　143.√　144.√
145.√　146.√　147.√　148.√　149.√　150.√　151.√　152.√　153.√
154.√　155.√　156.√　157.√　158.√　159.√　160.√　161.√　162.√
163.×　164.√　165.√　166.√　167.√　168.√　169.√　170.√　171.√
172.×　173.√　174.√　175.√　176.√　177.√　178.√　179.√　180.√
181.×　182.√　183.√　184.√　185.√　186.√　187.×　188.√　189.×
190.×

五、简答题

1. 答:优点:塑炼胶可塑性均匀(1分),热可塑性小(1分),适应面宽(1分),比较机动灵活(1分),设备投资较小(1分)。

2. 答:橡胶及其制品在加工、储存和使用过程中(2分),由于受内外因素的综合作用而引起橡胶物理化学性质和机械性能的逐步变坏(2分),最后丧失使用价值(1分),这种变化叫做橡胶老化。

3. 答:表面上表现为龟裂、发黏、硬化、软化、粉化、变色、长霉等。(至少列举5个,每个1分,共5分)

4. 答:可分为两大类:1)自然老化试验方法(2.5分);2)人工加速老化试验方法(2.5分)。

5. 答:1)包辊阶段:加入生胶的软化阶段;2)吃粉阶段:加入粉剂的混合阶段;3)翻炼阶段:吃粉后使生胶和配合剂均达到均匀分散的阶段。(答对1个得2分,全对得5分)

6. 答:混炼就是将塑炼胶或具有一定可塑性的橡胶与配合剂在机械作用下混合均匀(2.5分),制成胶料,以便制造具有各种性能的橡胶制品(2.5分)。

7. 答:塑炼后,生胶线形大分子链断裂,分子量降低,性能亦随之发生一系列变化(1分),表现为:弹性降低,可塑性增大,橡胶溶液的黏度降低,溶解度增大,黏着性增大,化学活性提高(2分)。随着生胶可塑性的增大,硫化胶的机械强度降低,永久变形增大,耐磨耗性能降低,耐老化性能下降(2分)。

8. 答:生胶在塑炼力剧烈的拉伸、挤压和剪切应力的反复作用下(2分),长链分子产生局部应力集中,致使分子链断裂(1分),产生的活性自由基被氧或其他自由基接受体所稳定,变成较短的分子而增加可塑性(2分)。

9. 答:1)工作密封性好,工作条件和胶料质量大为改善;2)塑炼周期短,生产能力高,能耗低;3)安全系数高,操作强度和卫生条件有改善;4)易与下道工序组织连续化、自动化。(答错1个扣1分,全错扣5分)

10. 答:辊筒的转速和速比、辊距、辊温、混炼时间、容量和堆积胶、加药顺序。(至少列举 5个,每个 1 分,共 5 分)

11. 答:1)有足够长的焦烧时间;2)较快的硫化速度快;3)使胶料具有很长的硫化平坦期,以保证产品各部位硫化均匀。(答对 1 个得 2 分,全对得 5 分)

12. 答:优点是塑炼时间短(1 分),操作方便(1 分),劳动强度低(1 分);缺点是生产管理较麻烦(1 分),占用厂房面积较大(0.5 分),不适合连续化生产(0.5 分)。

13. 答:优点是塑炼效果好(1 分),所得塑炼胶的可塑性较高并且均匀(1 分),生产中应用广泛(1 分);缺点是生产效率较低(2 分)。

14. 答:温度、时间、化学塑解剂、转子转速、装胶容量、上顶栓压力。(答对 1 个得 1 分,全对得 5 分)

15. 答:影响:温度越低,塑料效果越大(1 分)。

原因:温度低生较硬,在开炼机上受剪切力大,塑炼效果好(2 分)。

措施:必须尽可能的加强对辊筒的冷却(2 分)。

16. 答:影响:辊筒之间的速比越大,塑炼效果越高(2 分)。

原因:辊筒之间速比越大,速度梯度越大,剪切力就越大,塑炼效果越高(3 分)。

17. 答:影响:辊筒转速快,塑炼效果好(2 分)。

原因:辊筒的线速度大,单位时间内生胶通过辊缝次数多,所受的机械力的作用大(3 分)。

18. 答:先向密炼机中加入生胶,再加填料、油料的混炼方法叫顺炼法(2 分)。优点:载荷小,混炼质量好(1.5 分);缺点:混炼时间长(1.5 分)。

19. 答:先向密炼机中加入填料、油料,再加生胶的混炼方法叫逆炼法(2 分)。优点:混炼时间短,投料简单(1 分);缺点:载荷大,填料飞扬,混炼质量难以保证(2 分)。

20. 答:转速低胶料升温慢(2 分),黏度高(1 分),剪切力大(2 分),有利于配合剂的分散。

21. 答:剪切型密炼机的分散区主要在转子和室壁之间(2.5 分);啮合型密炼机的分散区主要在转子和转子之间(2.5 分)。

22. 答:1)各种配合剂均匀分布于胶料中;2)配合剂特别是炭黑达到一定分散度,并与生胶产生结合橡胶;3)使胶料具有一定可塑度;混炼速度快,生产效率高,耗能少。(答对 1 个得 2 分,全对得 5 分)

23. 答:用开炼机混炼胶料时宜采用低温,温度低些黏度大些,受剪切力就会大,有利于配合剂的分散(2 分)。若辊速快容易使胶料软化,剪切效果减弱,易引起焦烧和配合剂结团(2 分),难以分散和焦烧等不良现象(1 分)。

24. 答:混炼胶中的配合剂达到保证必要的物理机械性能之最低分散程度(2 分);混炼胶料能正常进行压延、挤出等各后续加工操作的最低可塑(3 分)。

25. 答:当表面活性剂处于亲水配合剂表面时,亲水性基团一端向着配合剂粒子(1 分),产生吸附作用,而疏水性一端向外(1 分),把亲水性配合剂粒子表面变成了疏水表面(1 分),因此,改善了亲水性配合剂与橡胶之间的湿润能力(1 分),提高了分散效果(1 分)。

26. 答:为了满足各种加工工艺过程对胶料可塑度的要求(2 分),通常要在一定条件下对生胶进行机械加工(1 分),使之由强韧的弹性状态转变为柔软而具有可塑性的状态(2 分),这个工艺过程称为塑炼。

27. 答:结合橡胶的生成量与补强填充剂的粒子大小(1 分)、用量(1 分)及其表面的活性

（1分）、橡胶的品种（1分）、混炼加工的条件（1分）等因素有关。

28. 答：随着温度的增高，橡胶流动性增加（2分），分子间力减小（1分），弹性和强度降低（1分），此时胶片不能紧包辊筒（1分），出现脱辊现象。

29. 答：解决办法：降低温度（1分）、减小辊距（1分）、加快转速（1分）、提高速比（1分）。对于包辊性差的合成橡胶可先加入部分炭黑（1分）。

30. 答：为了防止胶片之间发生粘连。（5分）

31. 答：用硫黄给予体硫化，在橡胶中形成较稳定的双硫键或单硫键（5分）。因此硫化橡胶的耐热性好。

32. 答：混炼分为间歇混炼（1.5分）和连续混炼（1.5分）。其中间歇混炼又分为开炼机混炼（1分）和密炼机混炼（1分）。

33. 答：可分为喷淋式（2.5分）和螺旋夹套式（2.5分）两种。

34. 答：预防维修、故障维修、生产维修、定期维修。（答错1个扣1分，全错扣5分）

35. 答：活化剂的作用是：1）活化整个硫化体系；2）提高硫化胶的交联密度；3）提高硫化胶的耐热老化性能。（答对1个得2分，全对得5分）

36. 答：1）分子链降解；2）分子链之间产生交联；3）主链或者侧链的改变。（答对1个得2分，全对得5分）

37. 答：1）橡胶的臭氧老化是一种表面反应；2）未受拉伸的橡胶暴露在臭氧环境中时，橡胶与臭氧反应直到表面上双键完全反应掉以后终止，在表面上形成一层类似喷霜状的灰白色的硬脆膜；3）橡胶在产生臭氧龟裂时，裂纹的方向与受力的方向垂直。（答对1个得2分，全对得5分）

38. 答：薄通塑炼法、包辊塑炼法、分段塑炼法、化学塑解剂塑炼法。（答错1个扣1分，全错扣5分）

39. 答：辊温、辊距、时间、速比、辊速、容量、操作熟练程度。（至少列举5个，每个1分，共5分）

40. 答：温度、时间、化学塑解剂、转子速度、装胶容量、上顶栓压力。（至少列举5个，每个1分，共5分）

41. 答：胶料从加入模具中受热开始到转矩达到最大值所需要的时间。（5分）

42. 答：胶料从加入模具中受热开始到转矩达到M_{90}所需要的时间。（5分）

43. 答：焦烧阶段、热硫化阶段、平坦硫化阶段、过硫化阶段。（答错1个扣1分，全错扣5分）

44. 答：优点：能提高塑炼效率（1分），缩短塑炼时间（1分），降低塑炼胶弹性恢复和收缩（1分）。缺点：塑炼温度控制范围窄（1分）。温度太低，塑解剂不能充分发挥作用（0.5分）；温度太高会导致塑炼效果下降（0.5分）。

45. 答：辊温、切变速率、生胶的特性。（答对1个得2分，全对得5分）

46. 答：1）橡胶能全部包围炭黑颗粒的表面，并且渗入到炭黑凝聚体的空隙中形成高浓度的炭黑—橡胶团块。因此要求橡胶应具有很好的流动性。2）橡胶的黏度越低，对炭黑的湿润性就越好，吃粉也越快。3）炭黑粒子越粗，结构性越低，越容易被生胶湿润。（答对1个得2分，全对得5分）

47. 答：1）是橡胶工业中最古老的混炼方法；2）生产效率低，劳动强度大，环境卫生差，操作部安全，胶料质量不高；3）灵活性大，适用于小规模、小批量、多品种的生产；4）特别适合特殊

胶料以及某些生热较大的合成胶和彩色胶的混炼;5)在小型橡胶城使用比较普遍。(答对 1 个得 1 分)

48. 答:第一步:配合剂加完后,将辊距调至 1～1.2 mm,使胶料通过辊缝落入接料盘中。

第二步:待胶料全部通过辊缝后,将落盘胶料扭转 90°上辊再进行薄通,反复进行规定次数。

第三步:调大辊距约 10 mm 左右,让胶料包辊、下片。(答对 1 个得 2 分,全对得 5 分)

49. 答:懂性能、懂结构、懂原理、懂用途。(答错 1 个扣 1 分,全错扣 5 分)

50. 答:原因有:1)配合剂称量不准确、错配或者漏配;2)混炼加料时错加或者漏加,混炼不均匀等;3)生胶、软化剂少加或者多加,填充补强剂多加或者少加;4)炼胶时粉状配合剂飞扬损失过多。(答错 1 个扣 1 分,全错扣 5 分)

51. 答:1)固体软化剂较难分散,所以先加入;2)液体软化剂一般待粉状配合剂吃尽以后再加,以免粉剂结团和胶料柔软打滑,使混炼不均匀;3)若补强填充剂和液体软化剂用量较多时,可分批交替加入,以提高混炼速度。(答对 1 个得 2 分,全对得 5 分)

52. 答:1)由于混炼室内温度高,且不易控制,冷却水耗量大;2)不适合温度敏感性大的配合剂混炼;3)一个机台不适合炼多种颜色的胶料;4)密炼机排料为不规则块状,需配备压片机或挤出机出片;5)设备投资高。(答对 1 个得 1 分)

53. 答:顺丁橡胶(BR)的特点是:1)高弹性、耐寒性(−72 ℃);2)生热最低,动态耐疲劳性好、适于胎侧;3)耐磨性好,适合用于胎面;4)强度最低;5)加工性能差,包辊性差;6)储存时具有冷流性。(答对 1 个得 1 分,全对得 5 分)

54. 答:因为天然橡胶在高温条件下硫化,硫化平坦线十分短促(2 分)、硫化返原现象十分显著(3 分),所以天然橡胶不宜采用高温快速硫化。

55. 答:黏着磨损、磨料磨损、疲劳磨损、腐蚀磨损、微动磨损。(答对 1 个得 1 分)

56. 答:密炼的胶料排料后温度高,且呈不规则块状(1 分),因此需要进行压片和造粒,主要作用如下:1)降低胶料温度,以利于加硫黄操作,防止焦烧(1 分);2)完成加硫黄作业(1 分);3)加硫黄后的翻炼可起到精炼作用(1 分);4)制成一定形状,以利于冷却和堆垛(1 分)。

57. 答:混炼胶料经过混炼加工后,再经过压片或造粒后,温度较高(1 分),如果不及时冷却,胶料则容易产生焦烧现象(2 分),并且在停放的过程中易于产生粘连(2 分),因此必须及时地对混炼胶进行强制而有效的冷却。

58. 答:三元乙丙胶因自粘性和互粘性差(2 分)、不易包辊(2 分),故混炼效果差(1 分)。

59. 答:1)检查消耗功率记录;2)检查辊筒压力记录;3)检查混炼温度记录;4)检查混炼效应记录。(答错 1 个扣 1 分,全错扣 5 分)

60. 答:为了评定混炼胶质量(1 分),需进行检查试验。检验的目的是为了判断胶料中的配合剂是否分散良好(1 分),是否分散均匀(1 分),有无漏加和错加(1 分),操作是否符合工艺要求(1 分)等。

61. 答:基本配方、质量百分数配方、体积百分数配方、生产配方。(答错 1 个扣 1 分,全错扣 5 分)

62. 答:橡胶未经硫化以前,缺乏良好的物理机械性能(1 分),实用价值不大(1 分)。当橡胶经过硫化后,由于分子结构的变化(1 分),而使其综合性显著改进(1 分),尤其是拉伸强度、定伸强度、伸长率、弹性、耐磨性、硬度等更为明显(1 分)。

63. 答:必须停机处理(3分),严禁在辊筒运转时取胶上的杂质、异物(2分)。

64. 答:防焦剂能防止胶料在操作期间产生早期硫化(2分),同时一般又不影响硫化速度和硫化胶的物理机械性能(1分)。加入该类物质的目的是提高胶料操作安全性(1分),增加胶料或胶浆的储存寿命(1分)。

65. 答:齿轮折断、疲劳折断、齿面剥落、齿面胶合、齿面磨损、塑性变形。(至少列举5个,每个1分,共5分)

66. 答:塑炼胶(包括并用胶、再生胶、母炼胶)→固体软化剂→小料(促进剂、活性剂、防老剂)→大料(补强剂、填充剂)→液体软化剂→硫黄、超速促进剂(5分)。

67. 答:指在多次变形条件下,使橡胶大分子发生断裂或者氧化(2分),结果使橡胶的物性及其他性能变差(2分),最后完全丧失使用价值(1分),这种现象称为疲劳老化。

68. 答:1)混炼不好,胶料会出现配合剂分散不均、胶料可塑度过低或过高、焦烧、喷霜等现象。2)使压延、挤出、滤胶、硫化等工序不能正常进行,导致成品性能下降。(答对1点得2.5分)

69. 答:在密炼机温度下,丁腈橡胶不但不能获得塑炼效果,反而导致凝胶的生成。(5分)

70. 答:装胶容量、加料顺序、上顶拴压力、转子转速、混炼温度、混炼时间等,还有设备本身的结构因素,主要是转子的几何构型。(至少列举5个,每个1分,共5分)

六、综 合 题

1. 答:生产配方的换算
换算系数=31.5/157.5=0.2 (3分)
天然橡胶=100×0.2=20(kg) (1分)
硫黄=2.75×0.2=0.55(kg) (1分)
促进剂M=0.75×0.2=0.15(kg) (1分)
氧化锌=5×0.2=1.0(kg) (1分)
硬脂酸=3×0.2=0.6(kg) (1分)
防老剂4010NA=1×0.2=0.2(kg) (1分)
炭黑N550=45×0.2=9(kg) (1分)

2. 答:配方总份数是:100+2.5+0.6+4+1+2.5+47+4+1=162.5 (4分)
天然橡胶质量=31.5/162.5×100=19.4 kg (3分)
硫黄质量=31.5/162.5×2.5=0.49 kg (3分)

3. 答:遵循PDCA循环,其基本步骤为:1)找出所存在的问题(1分);2)分析产生问题的原因(1分);3)确定主要原因(1分);4)制定对策措施(2分);5)实施制定的对策(2分);6)检查确认活动的效果(1分);7)制定巩固措施,防止问题再发生(1分);8)提出遗留问题及下一步打算(1分)。

4. 答:1)辊距大则导致配合剂分散不均匀。2)辊距小,辊筒之间的速度梯度就大,对胶料的剪切作用增加,混炼效果和混炼速度提高。3)辊距不能过小,否则会使辊筒上面的堆积胶过多,胶料不能及时进入辊缝,反而会降低混炼效果。(答错1个扣3分,全错扣10分)

5. 答:若辊温太低,生胶弹性大,配合剂不易分散(3分);若辊温太高,胶料软,剪切力减弱导致混炼效果降低(3分),甚至引起胶料焦烧(2分)和低熔点配合剂熔化结团无法分散(2分)。

6. 答:1)混炼时间是根据炼胶机转速、速比、混炼容量及操作熟练程度,再通过实验而确定的。2)在保证混炼胶质量的前提下要求采用最短的混炼时间。3)合成橡胶混炼时间约比天然橡胶长 1/3 左右。(答错 1 个扣 3 分,全错扣 10 分)

7. 答:若混炼时间过短,混炼不均匀(2分),混炼时间过长不但不能提高分散程度,效率低(2分),而且胶料易过炼(2分),物理机械性能下降(2分),使制品不耐老化,使用寿命缩短(2分)。

8. 答:速比过大,生热快易于焦烧(3分),配合剂易被压成硬块或鳞片状不易分散(3分);速比过小,起不到有效的剪切作用(2分),影响配合剂的分散(2分)。

9. 答:装胶容量过大,会使辊筒上面的堆积胶过多降低混炼效果(2分),影响配合剂的分散(2分),胶料散热不良(1分),劳动强度加大(1分),并致使设备超负荷(1分),轴承磨损加剧(1分);装胶容量过小,降低生产效率(2分)。

10. 答:胶料分散均匀性好,硫化胶的物理机械性能有显著提高(3分);胶料的工艺性能好,减少了焦烧现象(3分);有时可把塑炼和混炼合并进行,从而简化程序,缩短生产周期(2分),提高生产效率(2分)。

11. 答:1)胶料制备周期短;2)胶料可塑度低,配合剂不易分散均匀;3)炼胶时间较长,易产生早期硫化现象。(答错 1 个扣 3 分,全错扣 10 分)

12. 答:上顶栓压力不足,上顶栓会浮动(1分),使上顶栓下方、室壁上方加料口处形成死角(2分),在此处的胶料得不到混炼(1分);上顶栓压力过大,会使混炼温度急剧上升(2分),不利于配合剂的分散(2分),胶料性能降低(1分),并且动力消耗增大(1分)。

13. 答:1)可以增大装胶容量,防止排料时发生散料现象。2)可使胶料与设备以及胶料内部更为迅速有效地相互接触和挤压,加速配合剂混入橡胶中的过程,缩短混炼时间,提高混炼效率。3)可以增加物料之间的接触面积,减少物料在设备接触面上的滑动,增加胶料所受的剪切作用,改善配合剂的分散程度,提高胶料质量。(答错 1 个扣 3 分,全错扣 10 分)

14. 答:温度太低,常会造成胶料压散,不能捏合(2分);温度过高,会使胶料变软,机械剪切作用降低(1分),使混炼不均匀(1分),并会加剧橡胶分子的热氧化裂解(1分),降低胶料的物理机械性能(1分),也会促使橡胶和炭黑之间产生过多的化学结合作用生成过多的凝胶(1分),使胶料可塑度下降(1分),胶表面粗糙(1分),压延、挤出等工艺加工困难(1分)。

15. 答:包辊性好、易包辊、可塑度增加快、生热量比合成橡胶低、对配合剂的湿润性好、吃粉快、分散也较容易、混炼时间短、混炼操作易于掌握。(答对 1 个得 1 分,全对得 10 分)

16. 答:混炼时间长时会导致过炼(3分),使硫化胶性能明显下降(2分),严重时会产生粘辊现象(2分)。因此,混炼时应严格控制混炼时间等工艺条件(3分)。

17. 答:丁苯橡胶混炼时,生热较大(2分),胶料升温快(2分),因此混炼温度要比天然橡胶低(2分)。配合剂在丁苯橡胶中湿润能力差,较难混合分散,故相应混炼时间要比天然橡胶长(2分)。混炼时间过长,可塑度变化不大,但会产生凝胶,影响物理机械性能(2分)。

18. 答:顺丁橡胶冷流性较大(2分),包辊差(2分),混炼时易脱辊(2分),故混炼效果差(2分)。由于对油类和补强填充剂的亲和性良好,能高填充(2分)。

19. 答:混炼生热大,易粘辊,易焦烧,配合剂分散较慢,辊温要低,容量要小,辊筒速比也不宜大(2分)。由于对温度的敏感性强(2分),通用型氯丁橡胶在常温到 71 ℃时为弹性态,混炼时容易包辊,配合剂也较容易分散(2分)。高于 71 ℃时,呈颗粒状态,此时生胶内聚力减弱,不仅严重粘辊,配合剂分散也很困难(2分)。非硫黄调节型氯丁橡胶的弹性温度在 79 ℃

以下,故混炼工艺性能比硫黄调节型好,粘辊倾向和焦烧倾向较小(2分)。

20. 答:混炼性能差(2分),生热大(2分),易脱辊(2分),对粉状配合剂的湿润性差,吃粉慢,难分散(2分),当炭黑用量大时,会使胶料升温快而易于焦烧(2分)。

21. 答:丁腈橡胶除粘性差(2分)、硫化慢(2分)之外就是并用性差(2分),故混炼丁基橡胶之前必须彻底清洗机台,以免混入其他橡胶,影响胶料质量(2分)。丁基橡胶冷流性大,配合剂分散困难,包辊性差,高填充时胶料又易粘辊(2分)。

22. 答:胶料经过冷却后一般需要停放 8 h 以上才能使用(2分),目的是使胶料恢复混炼时所受到的机械应力(2分),减少胶料收缩(2分)。并且在停放过程中配合剂在胶料中仍能继续扩散,提高了分散的均匀性(2分),同时还能使橡胶与炭黑之间进一步生成结合橡胶,提高补强效果(2分)。

23. 解:单位换算:原始高度 $h_0=1.00$ cm$=10.0$ mm (2分)

$\quad\quad$ 压缩变形 $K=(h_0-h_2)/(h_0-h_1)\times100\%$ (3分)

$\quad\quad\quad\quad\quad\quad=(10.0-9.2)/(10.0-8.0)\times100\%$ (3分)

$\quad\quad\quad\quad\quad\quad=40\%$ (2分)

答:此试样的压缩永久变形是 40%。

24. 解:拉伸强度=最大拉伸力/试样工作面截面积$=200/2.10\times6.00=15.87\approx15.9$(MPa) (5分)

拉断伸长率$=(L-$标线距离$)/$标线距离$\times100\%=(100-25)/25\times100\%=300\%$ (5分)

答:拉伸强度为 15.9 MPa,拉断伸长率为 300%。

25. 答:物理防护法:尽量避免橡胶与老化因素相互作用的方法(3分)。如:在橡胶中加入石蜡,橡塑共混,电镀,涂上涂料等(2分)。

化学防护法:通过化学反应延缓橡胶老化反应继续进行(3分)。如:加入化学防老剂(2分)。

26. 答:生胶或橡胶制品在热和氧两种因素的共同作用下发生的老化称为热氧老化(5分)。

影响热氧老化的外部因素主要温度、氧、金属离子(2分)。

温度:越高则老化越快(1分)。

氧的浓度:在一定范围内随氧浓度的升高而变化,超过一定浓度后无关(1分)。

金属离子:少量变价金属离子的存在会大大加速热氧老化(1分)。

27. 答:指在多次变形条件下,使橡胶大分子发生断裂或者氧化(3分),结果使橡胶的物性及其他性能变差,最后完全丧失使用价值,这种现象称为疲劳老化(3分)。老化机理主要有机械破坏理论和力化学理论(4分)。

28. 答:(1)各种原材料与配合剂的质量检验:配合剂的检验包括纯度、粒度及其分布、机械杂质、灰分及挥发分、酸碱度等(1分);生胶的检验包括化学成分、门尼黏度、物理机械性能(1分)。

(2)对某些配合剂尽量补充加工:固体配合剂的粉碎、干燥和筛选(1分);低熔点固体配合剂的融化和过滤(1分);液体配合剂的加温和过滤(1分);粉状配合剂的干燥和筛选(1分)。

(3)油膏与母炼胶的制造:为防止粉状物料的分散、损失及环境污染,有时候将某些配合剂、促进剂等事先以较大比例与液体软化剂混合制成膏状使用(1分);而母炼胶是某些配合剂与生胶单独混合制成的物料(1分)。

(4)称量配合操作:即按配方规定的原材料品种和用量比例,以适当的衡器进行称量搭配(2分)。

29. 答:适当提高压延机辊筒表面的温度(2.5分);提高压延半成品的停放温度(2.5分);降低压延速度(2.5分);适当增加胶料的可塑度(2.5分)。

30. 解:拉伸强度＝最大拉伸力/试样工作面截面积

拉断伸长率＝$(L-$标线距离$)/$标线距离$\times100\%$

1号拉伸强度＝$205/(2.0\times6.0)=17.08\approx17.1$(MPa)(1分)

2号拉伸强度＝$202/(2.0\times6.0)=16.83\approx16.8$(MPa)(1分)

3号拉伸强度＝$210/(2.0\times6.0)=17.5$(MPa)(1分)

1号拉断伸长率＝$(124-25)/25\times100\%=396\%$(1分)

2号拉断伸长率＝$(119-25)/25\times100\%=376\%$(1分)

3号拉断伸长率＝$(120-25)/25\times100\%=380\%$(1分)

取3个试样的中值为最终结果(2分)。

答:材料的拉伸强度为17.1 MPa(1分),拉断伸长率为380%(1分)。

31. 答:炭黑表面上有自由基、氢、含氧基团(羟基、羧基、内酯基、醌基)(4分)。炭黑的pH值与表面的含氧基团有关(3分),含氧基团含量高,pH值低,反之亦然(3分)。

32. 答:从压片机下来的混炼胶片温度很高,如不立即进行冷却容易产生焦烧,还会粘胶,给下工艺造成麻烦(2分),因此胶片从压片机下来后经胶片冷却装置浸隔离剂,吹片,收料,一般胶片温度要冷却到40℃以下(1分)。

混炼胶经冷却后一般要停放8小时上才能使用(1分),目的是:1)使胶料恢复疲劳、松弛混炼时所受的机械应力,减少胶料的收缩(1分);2)使配合剂在停放过程中继续扩散,促进均匀分散(1分);3)使橡胶与炭黑之间进一步生成结合橡胶,提高补强效果(1分)。

胶料停放时,要注意停放场所温度不能过高,空气要流通,否则会引起焦烧(1分)。停放时间也不能过长,停放时间太长会引起胶料喷霜(1分)。胶料必须存放在特制的托盘上,防止粘上砂石、泥土和木屑等杂物(1分)。

33. 答:为了控制混炼胶的质量,以保证胶料在以后加工工序中的工艺性能和最终产品的性能(3分)。快速检验的目的是:判断胶料中的配合剂分散是否良好、有无漏加和错加(3分),以及操作是否符合工艺要求(2分),以便及时发现问题和进行补救(2分)。

34. 答:硫化是一个交联过程,必须通过一定时间才能完成(2分)。硫化时间是由胶料配方和温度决定的(1分)。对于给定胶料来说,在一定的硫化温度和压力下,有一最宜硫化时间,即通常所称的正硫化时间(2分)。时间过长会产生过硫(1分),时间过短产生欠硫(1分)。过硫和欠硫的制品性能都较差(1分)。因此,除了操作中出现故障,硫化时间需要根据实际情况进行适当变更外(1分),正常生产的情况下,不能允许随意改动硫化时间(1分)。

35. 答:1)使产品性能满足使用的要求或给定的指标;2)在保证满足使用性能或给定的指标的情况下,尽量节约原材料和降低成本;3)在不提高产品成本的情况下提高产品的质量;4)要使胶料适合于混炼、压延、挤出、硫化等工艺操作,以及有利于提高设备的利用率;5)要考虑产品各部位不同胶料的整体配合,使各部件胶料在硫化速度和硫化胶性能上达到协调;6)在保证质量的前提下,应尽可能地简化配方。(至少回答5点,每个2分,共10分)

橡胶炼胶工(初级工)技能操作考核框架

一、框架说明

1. 依据《国家职业标准》^注，以及中国中车确定的"岗位个性服从于职业共性"的原则，提出橡胶炼胶工(初级工)技能操作考核框架(以下简称:技能考核框架)。

2. 本职业等级技能操作考核评分采用百分制。即:满分为 100 分,60 分为及格,低于 60 分为不及格。

3. 实施"技能考核框架"时,考核制件(活动)命题可以选用本企业的加工件(活动项目),也可以结合实际另外组织命题。

4. 实施"技能考核框架"时,考核的时间和场地条件等应依据《国家职业标准》,并结合企业实际确定。

5. 实施"技能考核框架"时,其"职业功能"的分类按以下要求确定:

(1)"炼胶操作"、"工艺计算与记录"属于本职业等级技能操作的核心职业活动,其"项目代码"为"E"。

(2)"炼胶准备"、"设备保养与维护"属于本职业等级技能操作的辅助性活动,其"项目代码"为"D"和"F"。

6. 实施"技能考核框架"时,其"鉴定项目"和"选考数量"按以下要求确定:

(1)按照《国家职业标准》有关技能操作鉴定比重的要求,本职业等级技能操作考核制件的"鉴定项目"应按"D"+"E"+"F"组合,其考核配分比例相应为:"D"占 20 分,"E"占 70 分(其中:炼胶操作 60 分、工艺计算与记录 10 分),"F"占 10 分。

(2)依据中国中车确定的"核心职业活动选取 2/3,并向上取整"的规定,在"E"类鉴定项目——"炼胶操作"、"工艺计算与记录"的全部 4 项中,至少选取 3 项(其中鉴定项目"炼胶"为必选)。

(3)依据中国中车确定的"其余'鉴定项目'的数量可以任选"的规定,"D"和"F"类鉴定项目——"炼胶准备"、"设备保养与维护"中,至少分别选取 1 项。

(4)依据中国中车确定的"确定'选考数量'时,所涉及'鉴定要素'的数量占比,应不低于对应'鉴定项目'范围内'鉴定要素'总数的 60%,并向上取整"的规定,考核制件(活动)的鉴定要素"选考数量"应按以下要求确定:

①在"D"类"鉴定项目"中,在已选定的至少 1 个鉴定项目中,至少选取已选鉴定项目所对应的全部鉴定要素的 60%项,并向上保留整数。

②在"E"类"鉴定项目"中,在已选定的至少 3 个鉴定项目所包含的全部鉴定要素中,至少选取总数的 60%项,并向上保留整数。

③在"F"类"鉴定项目"中,在已选定的至少1个鉴定项目中,至少选取已选鉴定项目所对应的全部鉴定要素的60%项,并向上保留整数。

举例分析:

按照上述"第6条"要求,若命题时按最少数量选取,即:在"D"类鉴定项目中选取了"工艺准备"1项,在"E"类鉴定项目中选取了"炼胶"、"检验"和"记录"3项,在"F"类鉴定项目中选取了"设备保养"1项,则:

此考核制件所涉及的"鉴定项目"总数为5项,具体包括"工艺准备"、"炼胶"、"检验"、"记录"、"设备保养"。

此考核制件所涉及的鉴定要素"选考数量"相应为23项,具体包括:"工艺准备"鉴定项目包含的全部9个鉴定要素中的6项,"炼胶"、"检验"、"记录"3个鉴定项目包含的全部24个鉴定要素中的15项,"设备保养"鉴定项目包含的全部3个鉴定要素中的2项。

7. 本职业等级技能操作需要两人及以上共同作业的,可由鉴定组织机构根据"必要、辅助"的原则,结合实际情况确定协助人员的数量。在整个操作过程中,协助人员只能起必要、简单的辅助作用。否则,每违反一次,至少扣减应考者的技能考核总成绩10分,直至取消其考试资格。

8. 实施"技能考核框架"时,应同时对应考者在质量、安全、工艺纪律、文明生产等方面行为进行考核。对于在技能操作考核过程中出现的违章作业现象,每违反一项(次)至少扣减技能考核总成绩10分,直至取消其考试资格。

注:按照中国中车规定,各《职业技能操作考核框架》的编制依据现行的《国家职业标准》或现行的《行业职业标准》或现行的《中国中车职业标准》的顺序执行。

二、橡胶炼胶工(初级工)技能操作鉴定要素细目表

职业功能	鉴定项目				鉴定要素		
	项目代码	名称	鉴定比重(%)	选考方式	要素代码	名　称	重要程度
炼胶准备	D	工艺准备	20	任选	001	能检查冷却系统是否正常	Y
					002	能按配方量进行橡胶的称量	X
					003	能按配方量进行配合剂的称量	X
					004	能对生胶进行校对	X
					005	能对配合剂进行校对	X
					006	能检查烘房的温度是否符合工艺要求	Y
					007	能按工艺要求进行烘胶	X
					008	能按工艺要求进行切胶	X
					009	能熟悉常用小料的外观鉴别	X
		设备准备			001	能检查炼胶设备运转是否正常	Y
					002	能检查所用设备的安全系统是否可靠	X
					003	能检查设备有无泄漏	X
					004	能检查冷却水是否满足工艺要求	X
					005	能检查切胶机是否能正常工作	Y

续上表

职业功能	鉴定项目				鉴定要素		
	项目代码	名称	鉴定比重（%）	选考方式	要素代码	名　　称	重要程度
炼胶操作	E	炼胶	70	必选	001	能按工艺规章要求进行密炼机开车	X
					002	能按工艺规章要求进行开炼机开车	X
					003	能按工艺规章要求进行密炼机停车	X
					004	能按工艺规章要求进行开炼机停车	X
					005	能按配方要求更换印字轮	Y
					006	能按工艺要求进行胶料出片	X
					007	能使用刀架出片	Y
					008	能按工艺要求调整出片厚度	X
					009	能按工艺要求调整出片宽度	Y
					010	能按工艺要求对胶料冷却	X
					011	能按工艺要求对胶料收取	X
					012	能按工艺要求对胶料进行正确的标示	Y
		检验			001	能熟悉胶料门尼黏度的检验	X
					002	能熟悉胶料硫化仪曲线的检验	X
					003	能熟悉塑炼胶的保质期	Y
					004	能熟悉母炼胶的保质期	Y
					005	能熟悉终炼胶的保质期	X
					006	能使用量具测量胶片厚度	Y
工艺计算与记录		工艺计算		至少选2项	001	能识别炼胶设备铭牌	Y
					002	能根据炼胶设备的工作容积计算胶料的重量	X
					003	能根据炼胶设备的工作容积计算配合剂的重量	X
		记录			001	能识别胶料生产记录	Y
					002	能填写炼胶设备运行保养记录	X
					003	能做好胶料烘胶的记录	Y
					004	能做好胶料生产记录	X
					005	能做好所用小料批次的可追溯性	X
					006	能做好橡胶批次的可追溯性	X
设备保养与维护	F	设备保养	10	任选	001	能对炼胶设备进行保洁	Y
					002	能按润滑制度进行定期注油	X
					003	能对切胶机进行定期保养	X
		设备维护			001	能判断炼胶设备密封装置是否正常工作	X
					002	能检查炼胶设备轴承部位的温度是否正常	X
					003	能对设备进行常规点检	Y
					004	现场5S管理	Y

注：重要程度中X表示核心要素，Y表示一般要素。下同。

橡胶炼胶工(初级工)
技能操作考核样题与分析

职业名称：＿＿＿＿＿＿＿＿＿＿＿＿＿＿＿

考核等级：＿＿＿＿＿＿＿＿＿＿＿＿＿＿＿

存档编号：＿＿＿＿＿＿＿＿＿＿＿＿＿＿＿

考核站名称：＿＿＿＿＿＿＿＿＿＿＿＿＿

鉴定责任人：＿＿＿＿＿＿＿＿＿＿＿＿＿

命题责任人：＿＿＿＿＿＿＿＿＿＿＿＿＿

主管负责人：＿＿＿＿＿＿＿＿＿＿＿＿＿

中国中车股份有限公司劳动工资部制

职业技能鉴定技能操作考核制件图示或内容

技术要求:

1. 采用 GK190 型密炼机,按照工艺文件 GY/JZ-SRIT184-35-01 和 GY/JZ-SRIT184-33-01 混炼 SYXS2009-06 母炼胶。
2. 胶片无夹生现象。
3. 炭黑、油料、小料无吃不尽现象。
4. 收料后胶垛整齐不倒垛,胶片表面干燥不潮湿、不粘连。
5. 母炼胶门尼黏度在 62±7 范围内。

考试规则:

1. 本考核操作需要有多人共同作业,由鉴定组织机构根据"必要、辅助"的原则,结合实际操作情况确定必要的协作人员的数量。
2. 被考核人员每违反一次质量、安全、工艺纪律、文明生产等扣减技能考核总成绩 10 分,直至取消其考试资格。
3. 被考核人员有重大安全事故、考试作弊等情况,直接取消其考试资格。

职业名称	橡胶半炼胶工
考核等级	初级工
试题名称	混炼 SYXS2009-06 母炼胶
材质等信息:	

职业技能鉴定技能操作考核准备单

职业名称	橡胶炼胶工
考核等级	初级工
试题名称	混炼 SYXS2009-06 母炼胶

一、材料准备

材料规格:天然橡胶、顺丁橡胶、炭黑、环烷油及氧化锌等小料(规格和重量执行工艺文件 GY/JZ-SRIT184-35-01 和 GY/JZ-SRIT184-33-01 所规定)。

二、设备、工、量、卡具准备清单

序号	名　　称	规　　格	数量	备注
1	密炼机	GK190	1	
2	开炼机	XK-660	1	
3	切胶机	卧式小切胶机	1	
4	配小料系统	—	1	
5	胶片冷却及收料系统		1	
6	探针式测温仪	SWK-2	1	
7	门尼检测仪器	GT-7080S2	1	

三、考场准备

1. 相应的公用设备、设备与器具的润滑与冷却等:
①液压拖车;
②铁质托盘;
③周转箱。
2. 相应的场地及安全防范措施:
①安全鞋;
②耳塞;
③口罩。

四、考核内容及要求

1. 考核内容(按考核制件图示及要求制作)。
2. 考核时限:4 h。提前考核完毕不加分,时间到即停止作业。
3. 考核评分(表)。

职业名称	橡胶炼胶工		考核等级		初级工
试题名称	混炼 SYXS2009-06 母炼胶		考核时限		4 h
鉴定项目	鉴定要素	配分	评分标准	扣分说明	得分
工艺准备	检查风冷系统正常工作	1	能确定得1分		
	检查隔离剂水槽正常工作	1	能确定得1分		
	橡胶称量的公差	1	公差正确得1分		
	正确称量橡胶	1	称量正确得1分		
	配合剂称量的公差	1	公差正确得1分		
	正确称量配合剂	1	称量正确得1分		
	天然橡胶和顺丁橡胶切胶胶块的重量范围	1	正确得1分		
	切好胶块的堆放	1	胶块落地不得分,堆放不整齐扣0.5分		
	防老剂 RD 的颜色状态	1	正确得1分		
	防老剂 RD 的形状状态	1	正确得1分		
设备准备	检查密炼机上顶栓、进料门及卸料门动作是否灵敏	2	能确定得2分		
	检查电机和减速机声音有无异常	1	能确定得1分		
	检查辊距是否左右均一	1	能确定得1分		
	确定密炼机除尘、通风系统是否正常工作	1	能确定得1分		
	检查润滑油站油压是否满足工艺要求	1	能确定得1分		
	能确定密炼机三区(转子、混炼室、排料门)冷却水温度、冷却水压力是否满足工艺要求	2	能确定得2分		
	确认切胶机润滑正常	1	能确定得1分		
	确认切胶机铅垫正常	1	能确定得1分		
炼胶	开车操作顺序	8	视实际操作情况得分,但先开主机启动后开辅助驱动不得分		
	确认安全制动开关是否灵敏	2	不确认不得分		
	开车操作顺序	4	视实际操作情况得分		
	密炼机停车操作顺序	5	视实际操作情况得分,但先关辅助驱动后关主机驱动的不得分		
	开炼机停车操作顺序	4	视实际操作情况得分,但未将转速调至最小的不得分		
	按照工艺文件,正确、完整安装印字轮,为09-06M	3	配方名字中的数字或字母缺少或错一个及以上者不得分		
	胶料的下片	4	视实际操作情况得分		
	胶片厚度和厚度尺寸	2	视实际操作情况得分		
	胶料车次的标识	1	不标识或错误标识不得分		
	收料时胶片温度	3	收料时胶片温度不符合工艺要求不得分		
	收料时胶片表面状态	3	收料时胶片表面不干燥、仍有水,不得分		
	摆片	5	摆片不整齐扣1分,每垛超过4车扣1分,胶片落地扣2分,停放过程中倒垛(胶垛倾斜接触地面即视为倒垛)不得分		

续上表

鉴定项目	鉴定要素	配分	评分标准	扣分说明	得分
炼胶	测胶垛温度	2	视实际操作情况得分,但不测温或不填写记录表不得分		
	填写小票	2	视实际情况得分		
	胶垛顶标识	2	视实际情况得分		
检验	SYXS2009-06 母炼胶门尼黏度转子的选择	3	选错转子不得分		
	测试门尼黏度	3	不按工艺执行不得分		
	SYXS2009-06 母炼胶的保质期	4	错误不得分		
记录	填写小票	1	视实际情况得分		
	填写小票	2	视实际情况得分		
	SYXS2009-06 母炼胶生产记录	2	视实际情况得分		
	记录所用配合剂的批次号	2	视实际情况得分		
	记录所用配合剂的重量	2	视实际情况得分		
	记录所用橡胶的批次号	1	视实际情况得分		
设备保养	工作结束后对皮带秤、密炼机进料口处清理	2	不清理不得分,遗漏一处扣1分		
	工作结束后清理开炼机料盘、死角位置的存胶	2	不清理不得分		
	按工艺要求对导轨滑槽每班加注少量润滑油	1	不加润滑油不得分		
设备维护	确认转子端面润滑密封油位是否符合工艺要求	1	能确定得1分		
	油泵是否正常工作	1	能确定得1分		
	能对密炼机、开炼机、切胶机、冷却系统及收料系统点检	2	不检点不得分,遗漏1处扣0.5分,直至扣完		
	考试过程中保持现场整洁,记录表、工具摆放整齐且在合适位置	1	视实际情况扣分		
质量、安全、工艺纪律、文明生产等综合考核项目	考核时限	不限	每超时10分钟,扣5分		
	工艺纪律	不限	依据企业有关工艺纪律管理规定执行,每违反一次扣10分		
	劳动保护	不限	依据企业有关劳动保护管理规定执行,每违反一次扣10分		
	文明生产	不限	依据企业有关文明生产管理规定执行,每违反一次扣10分		
	安全生产	不限	依据企业有关安全生产管理规定执行,每违反一次扣10分,有重大安全事故,取消成绩		

职业技能鉴定技能考核制件(内容)分析

职业名称	橡胶炼胶工
考核等级	初级工
试题名称	混炼 SYXS2009-06 母炼胶
职业标准依据	橡胶炼胶工国家职业标准

试题中鉴定项目及鉴定要素的分析与确定

鉴定项目分类 分析事项	基本技能"D"	专业技能"E"	相关技能"F"	合计	数量与占比说明
鉴定项目总数	2	4	2	8	核心职业活动占比 大于2/3
选取的鉴定项目数量	2	3	2	7	
选取的鉴定项目 数量占比(%)	100	75	100	87.5	
对应选取鉴定项目所 包含的鉴定要素总数	14	24	7	45	鉴定要素数量占比 大于60%
选取的鉴定要素数量	9	15	5	29	
选取的鉴定要素 数量占比(%)	64.3	62.5	71.4	64.4	

所选取鉴定项目及相应鉴定要素分解与说明

鉴定项目类别	鉴定项目名称	国家职业标准规定比重(%)	《框架》中鉴定要素名称	本命题中具体鉴定要素分解	配分	评分标准	考核难点说明
"D"	工艺准备	20	能检查冷却系统是否正常	检查风冷系统正常工作	1	能确定得1分	
				检查隔离剂水槽正常工作	1	能确定得1分	
			能按配方量进行橡胶的称量	橡胶称量的公差	1	公差正确得1分	
				正确称量橡胶	1	称量正确得1分	
			能按配方量进行配合剂的称量	配合剂称量的公差	1	公差正确得1分	
				正确称量配合剂	1	称量正确得1分	
			能按工艺要求进行切胶	天然橡胶和顺丁橡胶切胶胶块的重量范围	1	正确得1分	
				切好胶块的堆放	1	胶块落地不得分,堆放不整齐扣0.5分	
			能熟悉常用小料的外观鉴别	防老剂RD的颜色状态	1	正确得1分	
				防老剂RD的形状状态	1	正确得1分	
	设备准备		能检查炼胶设备运转是否正常	检查密炼机上顶栓、进料门及卸料门动作是否灵敏	2	能确定得2分	涉及考核能否继续
				检查电机和减速机声音有无异常	1	能确定得1分	
				检查辊距是否左右均一	1	能确定得1分	
			能检查设备有无泄漏	确定密炼机除尘、通风系统是否正常工作	1	能确定得1分	
				检查润滑油站油压是否满足工艺要求	1	能确定得1分	

续上表

鉴定项目类别	鉴定项目名称	国家职业标准规定比重(%)	《框架》中鉴定要素名称	本命题中具体鉴定要素分解	配分	评分标准	考核难点说明
"D"	设备准备	20	能检查冷却水是否满足工艺要求	能确定密炼机三区(转子、混炼室、排料门)冷却水温度、冷却水压力是否满足工艺要求	2	能确定得2分	涉及到工艺能否执行
			能检查切胶机是否能正常工作	确认切胶机润滑正常	1	能确定得1分	
				确认切胶机铅垫正常	1	能确定得1分	
"E"	炼胶	70	能按工艺规章要求进行密炼机开车	开车操作顺序	8	视实际操作情况得分,但先开主机启动后开辅助驱动不得分	涉及到设备的使用寿命
			能按工艺规章要求进行开炼机开车	确认安全制动开关是否灵敏	2	不确认不得分	
				开车操作顺序	4	视实际操作情况得分	
			能按工艺规章要求进行密炼机停车	停车操作顺序	5	视实际操作情况得分,但先关辅助驱动后关主机驱动的不得分	涉及设备的使用寿命
			能按工艺规章要求进行开炼机停车	停车操作顺序	4	视实际操作情况得分,但未将转速调至最小的不得分	
			能按工艺要求更换印字轮	按照工艺文件,正确、完整安装印字轮,为09-06M	3	配方名字中的数字或字母缺少或错一个及以上者不得分	
			能按工艺要求进行胶料出片	胶料的下片	4	视实际操作情况得分	
				胶片厚度和厚度尺寸	2	视实际操作情况得分	
				车次的标识	1	不标识或错误标识不得分	
			能按工艺要求对胶料冷却	收料时胶片温度	3	收料时胶片温度不符合工艺要求不得分	涉及胶料的储存
				收料时胶片表面状态	3	收料时胶片表面不干燥、仍有水,不得分	涉及胶料的使用性能
			能按工艺要求对胶料收取	摆片	5	摆片不整齐扣1分,每垛超过4车扣1分,胶片落地扣2分,停放过程中倒垛(胶垛倾斜接触地面即视为倒垛)不得分	涉及储存稳定性
				测胶垛温度	2	视实际操作情况得分,但不测温或不填写记录表不得分	
			能按工艺要求对胶料进行正确的标示	填写小票	2	视实际情况得分	
				胶垛顶标识	2	视实际情况得分	

续上表

鉴定项目类别	鉴定项目名称	国家职业标准规定比重(%)	《框架》中鉴定要素名称	本命题中具体鉴定要素分解	配分	评分标准	考核难点说明
"E"	检验	70	能熟悉胶料门尼黏度的检验	SYXS2009-06 母炼胶门尼黏度转子的选择	3	选错转子不得分	
				测试门尼黏度	3	不按工艺执行不得分	
			能熟悉母炼胶的保质期	SYXS2009-06 母炼胶的保质期	4	错误不得分	
	记录		能识别胶料生产记录	填写小票	1	视实际情况得分	
			能做好胶料生产记录	填写小票	2	视实际情况得分	
				SYXS2009-06 母炼胶生产记录	2	视实际情况得分	
			能做好所用小料批次的可追溯性	记录所用配合剂的批次号	2	视实际情况得分	
				记录所用配合剂的重量	2	视实际情况得分	
			能做好橡胶批次的可追溯性	记录所用橡胶的批次号	1	视实际情况得分	
"F"	设备保养	10	能对炼胶设备进行保洁	工作结束后对皮带秤、密炼机进料口处清理	2	不清理不得分,遗漏一处扣1分	
				工作结束后清理开炼机料盘、死角位置的存胶	2	不清理不得分	
			能对切胶机进行定期保养	按工艺要求对导轨滑槽每班加注少量润滑油	1	不加润滑油不得分	
			能判断炼胶设备密封装置是否正常工作	确认转子端面润滑密封油油位是否符合工艺要求	1	能确定得1分	
				油泵是否正常工作	1	能确定得1分	
			能对设备进行常规检点	能对密炼机、开炼机、切胶机、冷却系统及收料系统点检	2	不检点不得分,遗漏1处扣0.5分,直至扣完	
			设备5S管理	考试时保持设备整洁	1	视实际情况扣分	
	质量、安全、工艺纪律、文明生产等综合考核项目			考核时限	不限	每超时10分钟,扣5分	
				工艺纪律	不限	依据企业有关工艺纪律管理规定执行,每违反一次扣10分	
				劳动保护	不限	依据企业有关劳动保护管理规定执行,每违反一次扣10分	
				文明生产	不限	依据企业有关文明生产管理规定执行,每违反一次扣10分	
				安全生产	不限	依据企业有关安全生产管理规定执行,每违反一次扣10分,有重大安全事故,取消成绩	

橡胶炼胶工(中级工)技能操作考核框架

一、框架说明

1. 依据《国家职业标准》注,以及中国中车确定的"岗位个性服从于职业共性"的原则,提出橡胶炼胶工(中级工)技能操作考核框架(以下简称:技能考核框架)。

2. 本职业等级技能操作考核评分采用百分制。即:满分为100分,60分为及格,低于60分为不及格。

3. 实施"技能考核框架"时,考核制件(活动)命题可以选用本企业的加工件(活动项目),也可以结合实际另外组织命题。

4. 实施"技能考核框架"时,考核的时间和场地条件等应依据《国家职业标准》,并结合企业实际确定。

5. 实施"技能考核框架"时,其"职业功能"的分类按以下要求确定:

(1)"炼胶操作"、"工艺计算与记录"属于本职业等级技能操作的核心职业活动,其"项目代码"为"E"。

(2)"炼胶准备"、"设备保养与维护"属于本职业等级技能操作的辅助性活动,其"项目代码"为"D"和"F"。

6. 实施"技能考核框架"时,其"鉴定项目"和"选考数量"按以下要求确定:

(1)按照《国家职业标准》有关技能操作鉴定比重的要求,本职业等级技能操作考核制件的"鉴定项目"应按"D"+"E"+"F"组合,其考核配分比例相应为:"D"占10分,"E"占80分(其中:炼胶操作70分、工艺计算与记录10分),"F"占10分。

(2)依据中国中车确定的"核心职业活动选取2/3,并向上取整"的规定,在"E"类鉴定项目——"炼胶操作"、"工艺计算与记录"的全部4项中,至少选取3项(其中鉴定项目"炼胶"为必选)。

(3)依据中国中车确定的"其余'鉴定项目'的数量可以任选"的规定,"D"和"F"类鉴定项目——"炼胶准备"、"设备保养与维护"中,至少分别选取1项。

(4)依据中国中车确定的"确定'选考数量'时,所涉及'鉴定要素'的数量占比,应不低于对应'鉴定项目'范围内'鉴定要素'总数的60%,并向上取整"的规定,考核制件(活动)的鉴定要素"选考数量"应按以下要求确定:

①在"D"类"鉴定项目"中,在已选定的至少1个鉴定项目中,至少选取已选鉴定项目所对应的全部鉴定要素的60%项,并向上保留整数。

②在"E"类"鉴定项目"中,在已选定的至少3个鉴定项目所包含的全部鉴定要素中,至少选取总数的60%项,并向上保留整数。

③在"F"类"鉴定项目"中,在已选定的至少1个鉴定项目中,至少选取已选鉴定项目所对应的全部鉴定要素的60%项,并向上保留整数。

举例分析：

按照上述"第 6 条"要求，若命题时按最少数量选取，即：在"D"类鉴定项目中选取"工艺准备"1 项，在"E"类鉴定项目中选取"炼胶"、"检验"、"工艺计算"3 项，在"F"类鉴定项目中选取"设备保养"1 项，则：

此考核制件所涉及的"鉴定项目"总数为 5 项，具体包括"工艺准备"、"炼胶"、"检验"、"工艺计算"、"设备保养"。

此考核制件所涉及的鉴定要素"选考数量"相应为 17 项，具体包括："工艺准备"鉴定项目包含的全部 7 个鉴定要素中的 5 项，"炼胶"、"检验"、"工艺计算"3 个鉴定项目包含的全部 16 个鉴定要素中的 10 项，"设备保养"鉴定项目包含的全部 3 个鉴定要素中的 2 项。

7. 本职业等级技能操作需要两人及以上共同作业的，可由鉴定组织机构根据"必要、辅助"的原则，结合实际情况确定协助人员的数量。在整个操作过程中，协助人员只能起必要、简单的辅助作用。否则，每违反一次，至少扣减应考者的技能考核总成绩 10 分，直至取消其考试资格。

8. 实施"技能考核框架"时，应同时对应考者在质量、安全、工艺纪律、文明生产等方面行为进行考核。对于在技能操作考核过程中出现的违章作业现象，每违反一项（次）至少扣减技能考核总成绩 10 分，直至取消其考试资格。

注：按照中国中车规定，各《职业技能操作考核框架》的编制依据现行的《国家职业标准》或现行的《行业职业标准》或现行的《中国中车职业标准》的顺序执行。

二、橡胶炼胶工(中级工)技能操作鉴定要素细目表

职业功能	鉴定项目				鉴定要素		
	项目代码	名称	鉴定比重（%）	选考方式	要素代码	名　称	重要程度
炼胶准备	D	工艺准备	10	任选	001	能识读多岗位炼胶设备冷却系统示意图	X
					002	能绘制炼胶工艺流程图	X
					003	能检查胶片是否满足工艺要求	X
					004	能检查隔离剂是否满足工艺要求	X
					005	能按工艺要求投炭黑	X
					006	能按工艺要求投油料	X
					007	能检查油料储存罐的温度是否符合要求	X
		设备准备			001	能确认风是否满足工艺要求	X
					002	能确认电是否满足工艺要求	X
					003	能确认水是否满足工艺要求	X
					004	能确认汽是否满足工艺要求	X
					005	能检查密炼机的密封是否正常	X
					006	能检查炼胶设备的润滑是否正常	X
炼胶操作	E	炼胶	80	必选	001	能按工艺规程进行密炼机混炼操作	X
					002	能按工艺要求进行开炼机加硫操作	X
					003	能使用专用测温工具测开炼机辊筒温度	X

职业功能	鉴定项目				鉴定要素		
	项目代码	名称	鉴定比重(%)	选考方式	要素代码	名　　称	重要程度
炼胶操作	E	炼胶	80	必选	004	能使用测温工具测量胶料温度	X
					005	能按工艺要求取样	X
					006	能处理炼胶过程中的异常现象	X
					007	能处理炼胶过程中的突发事件	X
		检验		至少选2项	001	能识读胶料快检质量报告	X
					002	能熟悉硫化曲线表达方式	X
					003	能熟悉胶料物理机械性能的测量	X
					004	能熟悉试样的制备	X
					005	能判断胶料是否异常	X
工艺计算与记录		工艺计算			001	能计算炼胶班组产量	X
					002	能计算炼胶班组的产品合格率	X
					003	能计算炼胶容量	X
					004	能计算炼胶产量	X
		记录			001	能填写炼胶技术报表	X
					002	能填写交接班记录	X
					003	能做好塑炼胶的混炼可追溯性记录	X
					004	能做好母炼胶的混炼可追溯性记录	X
					005	能做好终炼胶的混炼可追溯性记录	X
设备维护与保养	F	设备保养	10	任选	001	能对炼胶设备进行常规保养	X
					002	能发现炼胶设备传动部分的异常现象	X
					003	能发现冷却系统的异常现象	X
		设备维护			001	能发现炼胶过程中的设备异常	X
					002	能对修理后的炼胶设备进行试车操作	X
					003	能发现安全垫片损坏并进行紧急处理	X

橡胶炼胶工(中级工)
技能操作考核样题与分析

职 业 名 称: _____

考 核 等 级: _____

存 档 编 号: _____

考核站名称: _____

鉴定责任人: _____

命题责任人: _____

主管负责人: _____

中国中车股份有限公司劳动工资部制

职业技能鉴定技能操作考核制件图示或内容

技术要求:

1. 采用 GK190 型密炼机,按照工艺文件 GY/JZ-SRIT184-35-01 和 GY/JZ-SRIT184-33-01 混炼 SYXS2009-06 母炼胶和终炼胶。

2. 母炼胶胶片无夹生现象。

3. 终炼胶胶片无熟料、无胶豆。

4. 炭黑、油料、一段小料、硫化剂无吃不尽现象。

5. 收料后胶垛整齐不倒垛,胶片表面干燥不潮湿、不粘连。

6. 母炼胶门尼黏度在 62±7 范围内。

7. 终炼胶邵氏硬度是 58±3,拉伸强度≥20.0 MPa,拉断伸长率≥450%。

考试规则:

1. 本考核操作需要有多人共同作业,由鉴定组织机构根据"必要、辅助"的原则,结合实际操作情况确定必要的协作人员的数量。

2. 被考核人员每违反一次质量、安全、工艺纪律、文明生产等扣减技能考核总成绩 10 分,直至取消其考试资格。

3. 被考核人员有重大安全事故、考试作弊等情况,直接取消其考试资格。

职业名称	橡胶炼胶工
考核等级	中级工
试题名称	混炼 SYXS2009-06 母炼胶和终炼胶
材质等信息:	

职业技能鉴定技能操作考核准备单

职业名称	橡胶炼胶工
考核等级	中级工
试题名称	混炼 SYXS2009-06 母炼胶和终炼胶

一、材料准备

材料规格：天然橡胶、顺丁橡胶、炭黑、环烷油、氧化锌及硫化剂等小料（规格和重量执行工艺文件 GY/JZ-SRIT184-35-01 和 GY/JZ-SRIT184-33-01 所规定）。

二、设备、工、量、卡具准备清单

序号	名称	规格	数量	备注
1	密炼机	GK190	1	
2	开炼机	XK-660	1	
3	开炼机	XK-450	1	
4	切胶机	卧式小切胶机	1	
5	配小料系统	—	1	
6	胶片冷却及收料系统	—	1	
7	探针式测温仪	SWK-2	1	
8	门尼检测仪器	GT-7080S2	1	
9	电子拉力机	AI-7000M	1	
10	硫化仪	GT-M2000A	1	
11	邵 A 硬度计	LX-A 型	1	

三、考场准备

1. 相应的公用设备、设备与器具的润滑与冷却等：
①液压拖车；
②铁质托盘；
③周转箱。

2. 相应的场地及安全防范措施：
①安全鞋；
②耳塞；
③口罩。

四、考核内容及要求

1. 考核内容（按考核制件图示及要求制作）。

2. 考核时限：4 h。提前考核完毕不加分，时间到即停止作业。

3. 考核评分（表）。

职业名称		橡胶炼胶工		考核等级		中级工	
试题名称		混炼 SYXS2009-06 母炼胶和终炼胶		考核时限		4 h	
鉴定项目	鉴定要素		配分	评分标准		扣分说明	得分
工艺准备	绘制母炼胶工艺流程图		1	正确绘制得 1 分			
	检查气动或机械搅拌装置是否正常工作		0.5	能确认得 0.5 分			
	确认隔离剂有无沉淀		0.5	能确认得 0.5 分			
	清理炭黑包外表面		0.5	不清理不得分			
	确认卸料风压		0.5	能确认得 0.5 分			
	与中控室应答并正确输送炭黑		0.5	输送错炭黑不得分			
	清理油桶外表面		0.5	不清理不得分			
	正确、安全投油料		0.5	投错不得分			
	油料罐显示温度是否在工艺范围之内		0.5	能确认得 0.5 分			
设备准备	确认除尘是否正常工作		1	能确认得 1 分			
	确认操作油管路温度是否满足要求		2	能确认得 2 分			
	转子端面润滑工艺油是否正常		1	能确认得 1 分			
	进料口除尘是否工作正常		1	能确认得 1 分			
炼胶	执行工艺文件混炼 SYSX2009-06 母炼胶		10	视实际操作情况得分			
	在开炼机 XK-450 上加硫		10	视实际操作情况得分,但吃粉时割刀不得分;配合剂未吃净就进行翻炼不得分			
	取样频次		3	不取样不得分			
	快检样片尺寸		4	取样过小不得分,取样过大扣 1 分			
	样片标识		3	不标明配方号和车次号及标注错误不得分			
	处置冷却线故障或其他原因造成的胶料不能上冷却架时的异常现象		15	视实际操作情况得分			
	下辅机有特殊情况需要阻料		15	视实际操作情况得分			
检验	正确指出邵 A 硬度和国际橡胶硬度数据		1	正确指出得 1 分			
	熟知硬度表示的物理意义		1	不知道不得分			
	正确裁样		1	根据 GB/T 529—2009 评分			
	测量厚度		0.5				
	试样的调节		0.5				
	拉伸性能测试试验		2	能正确操作得 2 分			
	看终炼胶硫化曲线形状是否异常		1	能判断得 1 分			
	参照终炼胶快检标准,对照 TS1、TS2、Tc10、T90、ML、MH 数据判断胶料是否有异常		3	视实际情况得分			
工艺计算	根据工艺文件熟悉 09-06 每车胶料的重量		2	数据错误不得分			
	正确计算炼胶班组产量		3	计算错误不得分			
	知道每班的混炼车数及合格车数		2	数据错误不得分			
	正确计算炼胶班组的产品合格率		3	计算错误不得分			

鉴定项目	鉴定要素	配分	评分标准	扣分说明	得分
设备保养	对密炼机进行常规保养	1	视实际情况得分		
	对开炼机进行常规保养	1	视实际情况得分		
	能发现上辅机、下辅机电机声音异常、变速箱传动声音异常	1	视实际情况得分		
	密炼机冷却水有无异常	1	视实际情况得分		
	胶片冷却线有无异常	1	视实际情况得分		
设备维护	能发现上顶栓、进料门、卸料门不灵敏,卸料门夹胶	5	视实际操作情况得分		
质量、安全、工艺纪律、文明生产等综合考核项目	考核时限	不限	每超时 10 分钟,扣 5 分		
	工艺纪律	不限	依据企业有关工艺纪律管理规定执行,每违反一次扣 10 分		
	劳动保护	不限	依据企业有关劳动保护管理规定执行,每违反一次扣 10 分		
	文明生产	不限	依据企业有关文明生产管理规定执行,每违反一次扣 10 分		
	安全生产	不限	依据企业有关安全生产管理规定执行,每违反一次扣 10 分,有重大安全事故,取消成绩		

职业技能鉴定技能考核制件(内容)分析

职业名称	橡胶炼胶工
考核等级	中级工
试题名称	混炼 SYXS2009-06 母炼胶和终炼胶
职业标准依据	橡胶炼胶工国家职业标准

试题中鉴定项目及鉴定要素的分析与确定

鉴定项目分类 分析事项	基本技能"D"	专业技能"E"	相关技能"F"	合计	数量与占比说明
鉴定项目总数	2	4	2	8	核心职业活动占比 大于2/3
选取的鉴定项目数量	2	3	2	7	
选取的鉴定项目 数量占比(%)	100	75	100	87.5	
对应选取鉴定项目所 包含的鉴定要素总数	13	16	6	35	鉴定要素数量占比 大于60%
选取的鉴定要素数量	8	10	4	22	
选取的鉴定要素 数量占比(%)	61.5	62.5	66.7	62.9	

所选取鉴定项目及相应鉴定要素分解与说明

鉴定 项目 类别	鉴定项目 名称	国家职业 标准规定 比重(%)	《框架》中 鉴定要素名称	本命题中具体 鉴定要素分解	配分	评分标准	考核难 点说明
"D"	工艺准备	10	能绘制炼胶工艺流程图	绘制母炼胶工艺流程图	1	正确绘制得1分	
			能检查隔离剂是否满足工艺要求	检查气动或机械搅拌装置是否正常工作	0.5	能确认得0.5分	
				确认隔离剂有无沉淀	0.5	能确认得0.5分	
			能按工艺要求投炭黑	清理炭黑包外表面	0.5	不清理不得分	
				确认卸料风压	0.5	能确认得0.5分	
				与中控室应答并正确输送炭黑	0.5	输送错炭黑不得分	
			能按工艺要求投油料	清理油桶外表面	0.5	不清理不得分	
				正确、安全投油	0.5	投错不得分	
			能检查油料罐的温度是否符合要求	油料罐显示温度是否在工艺范围之内	0.5	能确认得0.5分	
	设备准备		能确认风是否满足工艺要求	确认除尘是否正常工作	1	能确认得1分	
			能确认汽是否满足工艺要求	确认操作油管路温度是否满足要求	2	能确认得2分	
			能检查密炼机的密封是否正常	转子端面润滑工艺油是否正常	1	能确认得1分	
				进料口除尘是否工作正常	1	能确认得1分	

续上表

鉴定项目类别	鉴定项目名称	国家职业标准规定比重（%）	《框架》中鉴定要素名称	本命题中具体鉴定要素分解	配分	评分标准	考核难点说明
"E"	炼胶	80	按工艺规程进行密炼机混炼操作	执行工艺文件混炼 SYSX2009-06 母炼胶	10	视实际操作情况得分	
			能按工艺要求进行开炼机加硫操作	在开炼机 XK-450 上加硫	10	视实际操作情况得分，但吃粉时割刀不得分；配合剂未吃净就进行翻炼不得分	关键工序
			能按工艺要求取样	取样频次	3	不取样不得分	
				快检样片尺寸	4	取样过小不得分，取样过大扣1分	样品太小不够做试验
				样片标识	3	不标明配方号和车次号及标注错误不得分	
			能处理炼胶过程中的异常现象	处置冷却线故障或其他原因造成的胶料不能上冷却架时的异常现象	15	视实际操作情况得分	处理炼胶过程中的突发异常事件
			能处理炼胶过程中的突发事件	下辅机有特殊情况需要阻料	15	视实际操作情况得分	处理炼胶过程中的特殊情况
	检验		能读懂胶料快检质量报告	正确指出邵 A 硬度和国际橡胶硬度数据	1	正确指出得1分	
				熟知硬度表示的物理意义	1	不知道不得分	
			能熟悉胶料物理机械性能的测量	正确裁样	1	根据 GB/T 529—2009 评分	
				测量厚度	0.5		
				试样的调节	0.5		
				测试试验	2	能正确操作得2分	
			能判断胶料是否异常	看终炼胶硫化曲线形状是否异常	1	能判断得1分	
				参照终炼胶快检标准，对照 TS1、TS2、Tc10、T90、ML、MH 数据判断胶料是否有异常	3	视实际情况得分	
	工艺计算		能计算炼胶班组产量	根据工艺文件熟悉09-06 每车胶料的重量	2	数据错误不得分	
				正确计算		计算错误不得分	
			能计算炼胶班组的产品合格率	知道每班的混炼车数及合格车数	2	数据错误不得分	
				正确计算	3	计算错误不得分	

鉴定项目类别	鉴定项目名称	国家职业标准规定比重(%)	《框架》中鉴定要素名称	本命题中具体鉴定要素分解	配分	评分标准	考核难点说明
"F"	设备保养	10	能对炼胶设备进行常规保养	对密炼机进行常规保养	1	视实际情况得分	
				对开炼机进行常规保养	1	视实际情况得分	
			能发现炼胶设备传动部分的异常现象	能发现上辅机、下辅机电机声音异常、变速箱传动声音异常	1	视实际情况得分	
			能发现冷却系统的异常现象	密炼机冷却水有无异常	1	视实际情况得分	
				胶片冷却线有无异常	1	视实际情况得分	
	设备维护		能发现炼胶过程中的设备异常	能发现上顶栓、进料门、卸料门不灵敏,卸料门夹胶	5	视实际操作情况得分	涉及设备安全
质量、安全、工艺纪律、文明生产等综合考核项目				考核时限	不限	每超时10分钟,扣5分	
				工艺纪律	不限	依据企业有关工艺纪律管理规定执行,每违反一次扣10分	
				劳动保护	不限	依据企业有关劳动保护管理规定执行,每违反一次扣10分	
				文明生产	不限	依据企业有关文明生产管理规定执行,每违反一次扣10分	
				安全生产	不限	依据企业有关安全生产管理规定执行,每违反一次扣10分,有重大安全事故,取消成绩	

橡胶炼胶工（高级工）技能操作考核框架

一、框架说明

1. 依据《国家职业标准》[注]，以及中国中车确定的"岗位个性服从于职业共性"的原则，提出橡胶炼胶工（高级工）技能操作考核框架（以下简称：技能考核框架）。

2. 本职业等级技能操作考核评分采用百分制。即：满分为 100 分，60 分为及格，低于 60 分为不及格。

3. 实施"技能考核框架"时，考核制件（活动）命题可以选用本企业的加工件（活动项目），也可以结合实际另外组织命题。

4. 实施"技能考核框架"时，考核的时间和场地条件等应依据《国家职业标准》，并结合企业实际确定。

5. 实施"技能考核框架"时，其"职业功能"的分类按以下要求确定：

（1）"炼胶操作"、"工艺计算与记录"属于本职业等级技能操作的核心职业活动，其"项目代码"为"E"。

（2）"设备保养与维护"属于本职业等级技能操作的辅助性活动，其"项目代码"为"F"。

6. 实施"技能考核框架"时，其"鉴定项目"和"选考数量"按以下要求确定：

（1）按照《国家职业标准》有关技能操作鉴定比重的要求，本职业等级技能操作考核制件的"鉴定项目"应按"E"＋"F"组合，其考核配分比例相应为"E"占 90 分（其中：炼胶操作 70 分，工艺计算与记录 20 分），"F"占 10 分。

（2）依据中国中车确定的"核心职业活动选取 2/3，并向上取整"的规定，在"E"类鉴定项目——"炼胶操作"、"工艺计算与记录"的全部 4 项中，至少选取 3 项（其中鉴定项目"炼胶"为必选）。

（3）依据中国中车确定的"其余鉴定项目的数量可以任选"的规定，"F"类鉴定项目——"设备保养与维护"中至少选取 1 项。

（4）依据中国中车确定的"确定选考数量时，所涉及鉴定要素的数量占比，应不低于对应鉴定项目范围内鉴定要素总数的 60％，并向上取整"的规定，考核制件（活动）的鉴定要素"选考数量"应按以下要求确定：

①在"E"类"鉴定项目"中，在已选定的至少 3 个鉴定项目所包含的全部鉴定要素中，至少选取总数的 60％项，并向上保留整数。

②在"F"类"鉴定项目"中，在已选定的至少 1 个鉴定项目中，至少选取已选鉴定项目所对应的全部鉴定要素的 60％项，并向上保留整数。

举例分析：

按照上述"第 6 条"要求，若命题时按最少数量选取，即：在"E"类鉴定项目中选取"炼胶"、"检验"和"工艺计算"3 项，在"F"类鉴定项目中选取"设备保养"和"设备维护"2 项，则：

　　此考核制件所涉及的"鉴定项目"总数为 5 项,具体包括"炼胶"、"检验"、"工艺计算"、"设备保养"和"设备维护"。

　　此考核制件所涉及的鉴定要素"选考数量"相应为 17 项,具体包括:"炼胶"、"检验"和"工艺计算"3 个鉴定项目包含的全部 16 个鉴定要素中的 12 项;"设备保养"和"设备维护"2 个鉴定项目包含的全部 7 个鉴定要素中的 5 项。

　　7. 本职业等级技能操作需要两人及以上共同作业的,可由鉴定组织机构根据"必要、辅助"的原则,结合实际情况确定协助人员的数量。在整个操作过程中,协助人员只能起必要、简单的辅助作用。否则,每违反一次,至少扣减应考者的技能考核总成绩 10 分,直至取消其考试资格。

　　8. 实施"技能考核框架"时,应同时对应考者在质量、安全、工艺纪律、文明生产等方面行为进行考核。对于在技能操作考核过程中出现的违章作业现象,每违反一项(次)至少扣减技能考核总成绩 10 分,直至取消其考试资格。

　　注:按照中国中车规定,各《职业技能操作考核框架》的编制依据现行的《国家职业标准》或现行的《行业职业标准》或现行的《中国中车职业标准》的顺序执行。

二、橡胶炼胶工(高级工)技能操作鉴定要素细目表

职业功能	鉴定项目				鉴定要素		
	项目代码	名称	鉴定比重(%)	选考方式	要素代码	名　称	重要程度
炼胶操作	E	炼胶	90	必选	001	能熟知开炼机混炼通用胶配方时的加料顺序	X
					002	能熟知开炼机混炼装胶容量不当的后果	X
					003	能运用"八把刀"方法进行开炼机混炼操作	X
					004	能运用"打三角包"方法进行开炼机混炼操作	X
					005	开炼机混炼的操作要点	X
					006	能判断混炼过程的质量问题	X
					007	能处理混炼过程的质量问题	X
					008	能对密炼工艺提出自己的见解	X
		检验			001	能对快检质量报告中的异常胶料提出处理意见	X
					002	能识记胶料力学性能测试项目	Y
					003	能熟悉胶料力学性能计算方法	X
工艺计算与记录		工艺计算		至少选2项	001	能根据基本配方换算成生产配方	X
					002	能根据生产配方换算成基本配方	Y
					003	能计算混炼胶的合格率	Y
					004	能根据母胶重量计算硫化剂各组分的重量	X
					005	能计算配方的含胶率	Y
		记录			001	能分析炼胶过程发生的异常情况	X
					002	能对炼胶过程发生的异常情况提出处理措施	X
					003	能对炼胶的动力损耗进行分析计算	Y
					004	能识别物理机械性能的计算	X

续上表

职业功能	鉴定项目				鉴定要素		
	项目代码	名称	鉴定比重（%）	选考方式	要素代码	名　　称	重要程度
设备保养与维护	F	设备保养	10	任选	001	能监控炼胶设备运行情况	X
					002	能报告炼胶设备的不安全因素	X
					003	对炼胶设备的不安全因素采取措施	Y
		设备维护			001	能参与新炼胶设备的试车及试生产工作	X
					002	能识读炼胶设备传动系统示意图	Y
					003	能根据设备运行情况提出改进意见	Y
					004	能根据设备运行情况提出维护措施	X

橡胶炼胶工(高级工)
技能操作考核样题与分析

职 业 名 称：＿＿＿＿＿＿＿＿＿＿＿＿

考 核 等 级：＿＿＿＿＿＿＿＿＿＿＿＿

存 档 编 号：＿＿＿＿＿＿＿＿＿＿＿＿

考核站名称：＿＿＿＿＿＿＿＿＿＿＿＿

鉴定责任人：＿＿＿＿＿＿＿＿＿＿＿＿

命题责任人：＿＿＿＿＿＿＿＿＿＿＿＿

主管负责人：＿＿＿＿＿＿＿＿＿＿＿＿

中国中车股份有限公司劳动工资部制

职业技能鉴定技能操作考核制件图示或内容

技术要求：

1. 采用 GK190 型密炼机，按照工艺文件 GY/JZ-SRIT184-35-01 和 GY/JZ-SRIT184-33-01 混炼 SYXS2009－06 母炼胶和终炼胶。

2. 母炼胶胶片无夹生现象。

3. 终炼胶胶片无熟料、无胶豆。

4. 炭黑、油料、一段小料、硫化剂无吃不尽现象。

5. 收料后胶垛整齐不倒垛，胶片表面干燥不潮湿、不粘连。

6. 母炼胶门尼黏度在 62±7 范围内。

7. 终炼胶邵氏硬度是 58±3，拉伸强度≥20.0 MPa，拉断伸长率≥450%，无隔口撕裂强度≥30 kN/m，密度是(1.130±0.010)g/cm³。

考试规则：

1. 本考核操作需要有多人共同作业，由鉴定组织机构根据"必要、辅助"的原则，结合实际操作情况确定必要的协作人员的数量。

2. 被考核人员每违反一次质量、安全、工艺纪律、文明生产等扣减技能考核总成绩 10 分，直至取消其考试资格。

3. 被考核人员有重大安全事故、考试作弊等情况，直接取消其考试资格。

职业名称	橡胶炼胶工
考核等级	高级工
试题名称	混炼 SYXS2009-06 母炼胶和终炼胶
材质等信息：	

职业技能鉴定技能操作考核准备单

职业名称	橡胶炼胶工
考核等级	高级工
试题名称	混炼 SYXS2009-06 母炼胶和终炼胶

一、材料准备

材料规格:天然橡胶、顺丁橡胶、炭黑、环烷油、氧化锌及硫化剂等小料(规格和重量执行工艺文件 GY/JZ-SRIT184-35-01 和 GY/JZ-SRIT184-33-01 所规定)。

二、设备、工、量、卡具准备清单

序号	名称	规格	数量	备注
1	密炼机	GK190	1	
2	开炼机	XK-660	1	
3	开炼机	XK-450	1	
4	切胶机	卧式小切胶机	1	
5	配小料系统	—	1	
6	胶片冷却及收料系统	—	1	

三、考场准备

1. 相应的公用设备、设备与器具的润滑与冷却等:
①液压拖车;
②铁质托盘;
③周转箱。
2. 相应的场地及安全防范措施:
①安全鞋;
②耳塞;
③口罩。

四、考核内容及要求

1. 考核内容(按考核制件图示及要求制作)。
2. 考核时限:5 h。提前考核完毕不加分,时间到即停止作业。
3. 考核评分(表)。

职业名称	橡胶炼胶工			考核等级		高级工
试题名称	混炼 SYXS2009-06 母炼胶和终炼胶			考核时限		5 h
鉴定项目	鉴定要素	配分	评分标准		扣分说明	得分
炼胶	用开炼机混炼 SYSX2009-06 母炼胶	5	视实际操作情况得分			
	分析开炼机装胶容量过大的后果	10	分析方向正确得 10 分			
	开炼机混炼 SYSX2009-06 终炼胶	10	视实际操作情况得分			
	打滑现象的判断	8	能判断即得 8 分			
	处理密炼机混炼过程中的打滑现象	8	处理意见合理得 8 分			
	能正确理解密炼工艺	5	理解正确得 5 分			
	根据升温速度和混炼时间,对混炼工艺中的转速、加炭黑、加油、提砣的时机以及排料温度提出合理建议	14	每提出一项合理建议得 4 分,最高得 14 分			
检验	分析邵 A 硬度异常的原因	2	视分析情况得分			
	给出可行的处理意见	4	视实际情况得分			
	写出拉伸强度的计算公式	2	正确得 2 分			
	正确计算拉伸性能	2	结果正确得 2 分			
工艺计算	根据 SYXS2009-06 的基本配方,计算出生产配方	5	一种组份的重量错误扣 1 分,直至扣完			
	SYXS2009-06 生产配方换算成基本配方	5	生胶的总份数不是 100 的不得分,一种组份的份数错误扣 1 分,直至扣完			
	给出 SYXS2009-06 的生产配方和 50 kg 母炼胶,计算这 50 kg 所需要的硫化胶各组份重量	6	误差在 ±2 g 范围内的得分,超出范围不得分			
	给出 SYXS2009-06 的生产配方计算含胶率	4	结果正确得 4 分			
设备保养	开炼机加硫时监控开炼机的运转情况	3	能监控得 3 分			
	指出开炼机可能存在的不安全因素	2	合理即得 2 分			
设备维护	识读开炼机的传动系统示意图	2	能识读得 2 分			
	提出开炼机在使用过程中的改进意见	1	合理即得分			
	提出开炼机在使用过程中的维修意见	2	合理即得分			
质量、安全、工艺纪律、文明生产等综合考核项目	考核时限	不限	每超时 10 分钟,扣 5 分			
	工艺纪律	不限	依据企业有关工艺纪律管理规定执行,每违反一次扣 10 分			
	劳动保护	不限	依据企业有关劳动保护管理规定执行,每违反一次扣 10 分			
	文明生产	不限	依据企业有关文明生产管理规定执行,每违反一次扣 10 分			
	安全生产	不限	依据企业有关安全生产管理规定执行,每违反一次扣 10 分,有重大安全事故,取消成绩			

职业技能鉴定技能考核制件(内容)分析

职业名称	橡胶炼胶工
考核等级	高级工
试题名称	混炼 SYXS2009-06 母炼胶和终炼胶
职业标准依据	橡胶炼胶工国家职业标准

试题中鉴定项目及鉴定要素的分析与确定

分析事项＼鉴定项目分类	基本技能"D"	专业技能"E"	相关技能"F"	合计	数量与占比说明
鉴定项目总数	—	4	2	6	核心职业活动占比 大于 2/3
选取的鉴定项目数量	—	3	2	5	
选取的鉴定项目 数量占比(%)		75	100	83.3	
对应选取鉴定项目所 包含的鉴定要素总数	—	17	6	23	鉴定要素数量占比 大于 60%
选取的鉴定要素数量	—	11	4	15	
选取的鉴定要素 数量占比(%)		64.7	66.7	65.2	

所选取鉴定项目及相应鉴定要素分解与说明

鉴定项目类别	鉴定项目名称	国家职业标准规定比重(%)	《框架》中鉴定要素名称	本命题中具体鉴定要素分解	配分	评分标准	考核难点说明
"E"	炼胶	90	能熟知开炼机混炼通用胶配方时的加料顺序	用开炼机混炼 SYSX2009-06 母炼胶	5	视实际操作情况得分	配合剂的添加顺序
			开炼机混炼装胶容量不当的后果	分析装胶容量过大的后果	10	分析方向正确得10分	影响混炼效果
			运用"打三角包"方法进行开炼机混炼操作	开炼机混炼 SYSX2009-06 终炼胶	10	视实际操作情况得分	影响混炼效果
			能判断混炼过程的质量问题	打滑现象的判断	8	能判断即得8分	判断质量问题
			能处理混炼过程的质量问题	处理密炼机混炼过程中的打滑现象	8	处理意见合理即得8分	处理质量问题
			能对密炼工艺提出自己的见解	能正确理解密炼工艺	5	理解正确得5分	员工技术水平的体现
				根据升温速度和混炼时间,对混炼工艺中的转速、加炭黑、加油、提砣的时机以及排料温度提出合理建议	14	每提出一项合理建议得4分,最高得14分	
	检验		能对快检质量报告中的异常胶料提出处理意见	分析邵 A 硬度异常的原因	2	视分析情况得分	
				给出可行的处理意见	4	视实际情况得分	
			能熟悉胶料力学性能计算方法	写出拉伸强度的计算公式	2	正确得2分	
				正确计算	2	结果正确得2分	

鉴定项目类别	鉴定项目名称	国家职业标准规定比重(%)	《框架》中鉴定要素名称	本命题中具体鉴定要素分解	配分	评分标准	考核难点说明
"E"	工艺计算	90	根据基本配方换算成生产配方	给出 SYXS2009-06 的基本配方,计算出生产配方	5	一种组份的重量错误扣1分,直至扣完	计算是否正确
			能根据生产配方换算成基本配方	SYXS2009-06 生产配方换算成基本配方	5	生胶的总份数不是100 的不得分,一种组份的份数错误扣1分,直至扣完	计算是否正确
			根据母胶重量计算硫化剂各组分重量	给出 SYXS2009-06 的生产配方和 50 kg 母炼胶,计算这 50 kg 所需要的硫化胶各组份重量	6	误差在±2 g 范围内的得分,超出范围不得分	计算是否正确
			计算配方的含胶率	给出 SYXS2009-06 的生产配方计算含胶率	4	结果正确得4分	
"F"	设备保养	10	能监控炼胶设备运行情况	开炼机加硫时监控开炼机的运转情况	3	能监控得3分	
			能报告炼胶设备的不安全因素	指出开炼机可能存在的不安全因素	2	合理即得2分	
			能识读炼胶设备传动系统示意图	识读开炼机的传动系统示意图	2	能识读得2分	
	设备维护		能根据设备运行情况提出改进意见	提出开炼机在使用过程中的改进意见	1	合理即得分	
			能根据设备运行情况提出维护措施	提出开炼机在使用过程中的维修意见	2	合理即得分	
	质量、安全、工艺纪律、文明生产等综合考核项目			考核时限	不限	每超时 10 分钟,扣5分	
				工艺纪律	不限	依据企业有关工艺纪律管理规定执行,每违反一次扣10分	
				劳动保护	不限	依据企业有关劳动保护管理规定执行,每违反一次扣10分	
				文明生产	不限	依据企业有关文明生产管理规定执行,每违反一次扣10分	
				安全生产	不限	依据企业有关安全生产管理规定执行,每违反一次扣10分,有重大安全事故,取消成绩	

参 考 文 献

[1] 王梅丽.橡胶炼胶工[M].北京:化学工业出版社,2009.

[2] 王艳秋.橡胶塑炼与混炼[M].北京:化学工业出版社,2006.

[3] 杨清芝.现代橡胶工艺学[M].北京:中国石油出版社,1997.

[4] 张殿荣.现代橡胶配方设计[M].北京:化学工业出版社,2001.

[5] 王树林.班组管理实战[M].北京:化学工业出版社,2009.

[6] 约翰 S.迪克.橡胶技术配合与性能测试[M].游长江,贾德民,等译.北京:化学工业出版社,2012.

[7] 谢遂志,等.橡胶工业手册(第一分册)[M].北京:化学工业出版社,1989.

[8] 王梦蛟,等.橡胶工业手册(第二分册)[M].北京:化学工业出版社,1989.

[9] 梁星宇,等.橡胶工业手册(第三分册)[M].北京:化学工业出版社,1989.